SPIRITUAL GROWTH
心 灵 成 长

U0840127

心灵成长

关系篇

张馨月 著

华龄出版社
HUALING PRESS

图书在版编目（CIP）数据

心灵成长 . 关系篇 / 张馨月著 . -- 北京 : 华龄出版社 , 2024.2
ISBN 978-7-5169-2693-2

Ⅰ . ①心… Ⅱ . ①张… Ⅲ . ①成功心理—通俗读物 Ⅳ . ① B848.4-49

中国国家版本馆 CIP 数据核字 (2024) 第 013753 号

责任编辑 郑 雍　　装帧设计 余 杉
责任印制 李未圻

书　名	心灵成长 . 关系篇	作　者	张馨月
出　版 发　行	华龄出版社 HUALING PRESS		
社　址	北京市东城区安定门外大街甲 57 号	邮　编	100011
发　行	(010)58122255	传　真	(010)84049572
承　印	三河市兴国印务有限公司		
版　次	2024 年 2 月第 1 版	印　次	2024 年 2 月第 1 次印刷
规　格	787mmx1092mm	开　本	1/32
印　张	6.5	字　数	120 千字
书　号	ISBN 978-7-5169-2693-2		
定　价	79.00 元		

这个世界就像是一个镜子迷宫，

无论你走到哪里，

你看到的都是不同装扮的你自己。

我们总是难以自处，

才不断需要他人的陪伴，

好填补空洞的内在。

不要等别人来给予你爱，

而是你要先给予你自己，

宇宙将回应并肯定你已经的样子！

完整的心灵成长模式，

成长到最后就是：

我错了，

我愿意改，

我决定……

你要相信，

即便你看不到，

也有一种能量在保护着你。

当我们在心里决定只与高频能量连接，

在这一刻，

我们的内在就已经发生了变化。

用实际行动呈现我们的感恩，

就是面对宇宙要谦虚。

你唯一的出路就是接纳、喜爱，

并深层次地去接受、理解父母所有的一切。

赞叹本身就是能量，

赞叹本身就是感恩，

赞叹本身就带着喜悦。

女人是地，

是孕育的能量、滋养的能量；

男人是天，

是创造的能量，要有勇气、有格局，

让自己这片天空下全是无条件的宠爱和承担、充满明媚的阳光。

女人要懂得尊敬丈夫，

把爱的能量给丈夫，

丈夫要把创造的物质拿回来滋养妻子，

形成一个正向的能量圈。

你愿意咋好咋整，

才能让自己走上这简单的能让自己好的道儿。

目录

Contents

前言

与生命谈场恋爱

什么是幸福？幸福看得见吗？你能够用一个状况来形容幸福吗？很难。幸福是你的感觉，有的人非常富有，但是他不快乐，有的人很漂亮，很成功，但是可能失去了健康。我们倡导的幸福是一个全面的幸福，是你的眼、耳、鼻、舌、身、意都觉得很好。你看的东西美，你呈现的也美，你感受到的也是爱。你的每一个感官感受到的都是美好的、正能量的感觉的时候，你就觉得幸福。幸福跟外在的物质没有必然联系，幸福是你的感觉。

比如我们俩是一家人，我今天很不高兴，我下班以后回到家里。你问我，你今天不开心吗？没事，我挺好。我再换一个版本，还是我这个人回家了，你就问我你今天不开心吗？我今天真不开心，烦死我了。今天我跟你逛街的时候发现你看了一个美女，你偷瞄了她一眼，你说你是不是不爱我了。其实生活中没有什么大的事情，全都是鸡毛蒜皮的小事。什么是智慧？智慧就是你能瞬间转化这些小事。能够把不快乐瞬间转化为快乐，瞬间又让你体会到爱，体会到幸福。

以前我总是到处寻找爱，我希望遇到一个人非常爱我，无条件爱我，能够满足我的一切要求，但没成功。后来我了解到这个宇宙的核心智慧，就是唯有改变自己，抱怨是没有用的，给你再多的美好，如果你不觉得好也于事无补。所以我们唯有回来，回到自己的内在，改变自己。

当你又一次情绪低频了，你就想起这句话，我错了。真心实意地跟自己说，我错了，错了怎么办，错了我就改。比如说我们俩有一个争执，你就对我说，你真笨，你才笨呢，这就是冲突。你再说你真笨，没事，我忍着，有朝一日我给你整回来，这就是报复。然后你再大声说你真笨，然后我错了，我改了，这就是智慧。

我们那么努力，努力学习，努力工作，努力挣钱，为的是什么？为的是幸福，为的是老公疼你，老婆爱你，父母喜欢你，孩子崇敬你。还有外在的人际关系，跟你一伙儿的，我们所谓的合一。归根结底就是你跟你自己的关系，你跟万世万物的关系。

那为什么我们的关系不如我们想象的那么美妙？就像你是一部车子，这部车子刚刚买回家的时候，是崭新的，但是你开了5万公里，开了10万公里以后没有去保养它。螺丝也松掉了，内饰也脏掉了，刹车片也该换了，这就是我们的眼、耳、鼻、舌、身、意，已经不如当时那么灵敏了，不如我们刚刚出厂的时候那么灵敏了，不像我们小孩子的时候那么天真可爱，看什么都高兴了。

这个时候我们就该调整自己了，洗洗车，打扫打扫我们的内在环境，让你的眼、耳、鼻、舌、身、意重新恢复功能，甚至比以前更加敏感，更能看出生活中的美好，让自己处在幸福中，这就是为自己的幸福负责任。我们努力工作，努力学习，努力讨人喜欢，但是没有努力想办法让自己幸福。其实当你自己就是幸福本身的时候，你跟谁在一起都会把他感染，他也会跟随你一起幸福。

回到自己的内在，改变我们自己吧，让我们自己变成幸福本身。幸福跟外在的人、事、物，不是绝对的必然联系，物质其实并不重要，重要的是亲密关系。你愿意幸福吗？愿意改变，就会离幸福越来越近，跟自己的生命热恋，爱自己，无条件爱自己，接纳自己。

幸福是我们自身的一种感受。只要是可以从自身入手的事，我们都可以做到。心念的力量是无穷的，外在环境随着心念的改变，也会境随心转。同样，你的感受也会随着外在环境的变化而改变的，而这种改变过程，会使幸福升级。

我写这本书，与其说是要与大家分享一种新的关系缔造法，不如说是一次全新的看待关系、开创关系、显化关系，并让自己从此生活在高频的亲密关系之中。同时，我也想让大家了解，每个人都是有频率的，不仅有频率，而且还是可以调频的，就像收音机一样。你想要幸福，就要允许自己幸福，幸福是自己可以说了算的事儿！

那个想要重新找回生命的热情，找回和家人、朋友甚至与路人的真挚暖意，找回失衡内心的平静，以及重新爱上自己的人，此刻真的可以为自己鼓掌，因为你一直如此努力，想要寻找答案，直至今天，终于找到了。好吧，我们现在就开始这场澄清关系迷思的旅程……

第一章

每个人都是你自己

我见到的每一个人就是我的镜子，

他所经历的也会被我共有，

而清除这个共有的定式，

我们就都会好起来。

——伊贺列卡拉·修·蓝[①]

随着中国量子卫星发射成功，量子科学这一话题，再次成为热点。但是，量子科学对多数人来讲，仍是一门高深的学科，因为量子太特别，它具有“波粒二象性”“量子纠缠”“量子叠加”“量子吸引”等特性，而且粒状的量子并不遵循我们所知道的牛顿力学，波状的量子也不遵循波函数。这让研究量子科学的物理学家们颇为头疼，量子不是传统物理学上的最小单位，而是一个客观上不可分割的独立个体单位，没有大小，因为大小是人为创造的主观判断。这表明如今的量子科学，已经触及到了精神世界。

1982 年，法国物理学家艾伦·爱斯派克特和他的研究小组，成功地完成了一项实验，证实了微观粒子之间存在着一种叫作“量子纠缠”的关系。研究表明，在量子力学中的两个同源的微观粒子之间存在着某种纠缠关系。在物理模型中处于同一个系统中的粒子甲和粒子乙被分开后，如果你扰动甲，哪怕甲乙之间相距几千、几万光年，乙也会在瞬间知道，并产生相应的反应。这说明，看起来互不相干的、相距遥远的粒子甲和粒子乙，存在着联系。这个实验的意义重大，表明有一种我们以前不了解的能量存在，以及细胞通过一定的能量形式，可以影响到物质。

为了进一步了解这种能量（情绪）与人之间的关系，为美国军方做研究的科学家们，对人体之外的细胞进行了研究。在1993年《前卫》杂志发表了一篇研究报告，描述了军方用此实验以探测情绪在离体后是否与身体依然保持着联系，如果是，那么多远是它们之间的有效距离？研究人员首先在受试者的口腔中采集了细胞和组织样本。这个样本被带到同一幢大楼的另外一个房间，他们在那里开始了对现代科学认为本不该存在的现象的研究。细胞被放在特殊的装置中检测，判断它是否受到受试者情绪的影响，而其间竟然相隔了几百米那么远。

在受试者所在的房间里播放着一系列影片，内容包括战争、情色场景和喜剧等，旨在让受试者产生真实的情绪体验，以便在短时间内让受试者产生不同类型的情绪。当受试者看影片时，在另外一个房间里，同时检测他的细胞是否产生相应的反应。

当受试者体验到情绪的“高潮”和“低谷”时，他的细胞和DNA几乎在同一时间也产生了一个强烈的电流反应。尽管测试样本和受试者相隔数百米，但细胞却表现得好像它依然在受试者体内一样。其后，研究者在更远距离的条件下继续着这一实验。某次，受试者和他的细胞居然相隔了480公里的距离！

受试者和其细胞之间的反应差，由位于科罗拉多州的一座原子钟来负责监控。在每次实验中，情绪和细胞的反应时间间隔都是零——其效应是同步发生的。细胞表现得就好像它仍然在受试者身上一样！不论细胞是处于同一个房间还是被分离到数百公里之外，结果都是一样。当受试者经历到一种情绪体验，细胞表现得就像是跟受试者的身体存在着某种联系一样。

或许这一开始听起来有点诡异，想想看：如果有一个量子场连接了所有的物质，那么万物就一定是依然连接着的。巴克斯特的同事，杰弗里·汤普森博士说得很好，在他看来：“其实，人体是没有实际的结束之时和真正的开始之处的。”

这个实验意义深远，对某些人来说，的确有被搞蒙的感觉。如果我们无法将人体的一部分和他的身体分离开，那是否意味着，当我们把一个人的活体器官移植到另外一个人身上，那么这两个人在某种程度上就有联系了呢？

在通常的日子里，我们大多数人每天都会接触数十个或上百个其他人，而且多半是肢体接触。每当我们触碰他人时，哪怕仅仅是跟他们握握手，在他人离开后，他们的DNA也会以表皮的形式留在我们手上。以同样的方式，也给他们留下我们的DNA。这是否意味着，只要这些含有DNA的细胞继续存活，我们就会和那些人继续保持联系呢？如果是这样，这种联系有多深切呢？这些问题的答案是肯定的，联系似乎是存在的。但联系的品质则视我们对联系的觉察深度而有所不同。

这个实验说明了以下四件事：

1. 在活体细胞组织间存在着某种过去不被了解的能量形式。

2. 细胞核 DNA 能透过这种能量场进行沟通。

3. 人的情绪会对自身的活体DNA具有直接的影响。

4. 距离与这一效应似乎毫无关系。

被分离的细胞，还会在同一时间感知我们的情绪。不论我们的细胞被带到哪里，只要它们继续存活着，它们就从来没有跟我们真正分离，它们如同还在我们身上时一样，在对周围的物质世界产生着某种影响，并随之而变化着。

我们可以想象，我们每个人，从小到大，我们所去过的一切地方、所接触过的一切物品和人，都可能沾染了我们的表皮细胞、我们的 DNA。而这些物品和人又把我们的 DNA 带到了世界的每一个角落。我们还可以想象，我们自己身上同样也沾染了无数他人的 DNA。我们同他人的界限究竟在哪里？我们同世界的界限在哪里？

这个世界就像是一个镜子迷宫，无论你走到哪里，你看到的都是不同装扮的你自己。你每天都在跟不同版本的自己在打交道。假如你遭受了任何人的恶意，那只

是因为你的那个自己陷入了困惑，你要做的就是去帮他一把，让你的那个自己恢复成本来就高兴的样子。[②]

我们拓展一下，如果在你的人生中，有那么一组关系让你纠结。跟长辈，跟先生，或者跟孩子，假设这组关系让你纠结。你要明白什么呢？我们除了承认“我错了”，除了那些表面意义上的东西，在心灵的最深处获得的痛楚是要让我们明白什么呢？

你知道吗？万物一体，每一个他人都是你自己。修·蓝博士的故事大家都听说过吧？这位神奇的治疗师不必见到病人，就治愈了整个医院里患有精神疾病的罪犯，可他用的方法就是清理自己，在自己身上下功夫。正如这位博士所言：“所有的问题都是自己的问题，只要清楚自己就好了。对生命中负百分百的责任，就是你生命中出现的每件事，因为出现在你的生命中，所以就是你的责任。也就是说，整个世界都是你创造的。”[③]这也正是量子纠缠所说的，两个有关系的量子之间，只要一个量子改变必然会引起另一个量子的改变，而且，两者改变是同时发生的。正如格雷格·布雷登所说："我们渴望在这个世界中看到任何变化，无论是康复，还是亲人的安全，世界和平，等等，我们不需要将这些信息从我们的心中和脑海里发送到事情的发生现场面。一旦祈祷在我们骨子里成形，它们已然存在于各处了。"也就是说，在我们的意识全息图中，万物已然互联，已然永恒存在于各处，当全息图中的一部分改变，那么全局都会发生改变。任何一处的变化，都等同于每一处的变化，这也正是修·蓝博士治愈罪犯的秘密所在。

每个人曾经都是闪耀的光，但有一天，你不想再继续以光的形式存在，想去了解和体会更浩瀚的宇宙存有，于是成就了现在的你。你说："我从来就没挨过打，要是有人打我会是什么样呢？"然后你的朋友说："挨打不好！"你说："我还是想自己去试一下，挨打到底是什么滋味呢？"于是你决定体验一下挨打的感觉。你邀请了最信得过的朋友，降低频率和你一起体验。同时你们需要忘掉你们原来是朋友，需要披上仇人的外衣，一个扮演委屈可怜的，一个扮演穷凶极恶的。当然，你们也在心灵的深处约定好，你什么时候体验够了，从中获得了收获，这一切就会停止。

“放下屠刀，立地成佛”就是这个意思。在一瞬间，一转念，一个决定，就改变了很多事情的发生。如果你要想结束这个恶性的循环，就一定要从中有正确的感悟，有智慧的收获。

宇宙生命能量就是所有丰盛的本源，我们要以所有的语言和行动感恩众生，优雅地付出也优雅地接受别人给予的，不抱有特别的期待，每个别人都是丰盛的管道。就像愚公移山一样，如果想要移山，我们对事情发生的信念及信心，正是让这个可能性进入现实的能量，它开启了通往无数可能的大门，只要我们主动做出一个微小的转变，就能在现实世界中创造巨大的不同。正如古老的传承所言：“你受缚还是解脱，完全取决于你自己，你也是唯一能做出决定的那个人。”

第二章

所有关系都是你和自己的关系

除非你能够在你与自己的关系中找到温暖，

快乐和爱，

否则你将在你和别人的关系中挣扎着寻找。

——盖伊·麦坎纳[①]

我们的生命中充满了各种关系，亲密关系、父母关系、朋友关系、亲子关系等，大多数人都会以为，关系是建立在和你和我，或和他之间，但实际上，根本不存在你和我，或你和他之间的关系，只有我们与自己的关系——就我们与自己所持的“念”之间的有关系。所有外在的关系，都是我们与自己的信念的外在投射。

世界是你的投射，外在的所有关系是你内在的“念”投射到外在的相，当你发现你外部的关系出现问题时，不要在外部去找问题，而是试着将焦点放在你的内在，正如《王阳明心学》中所说：“你与你自己的关系是所有关系的开始，当你开始相信自己，与自己和谐一致时，你就是自己最好的伴侣。”所有的关系实际都是你与自己的关系。

你的外部环境就是你的内在投射，想一想，你状态不好的时候最容易埋怨谁？父母、老公，总之你身边的哪个人对你好，你就经常埋怨谁！好像你身边没有好人似的。克里斯多福·孟说过：“我们通常会把自己从小到大得不到的、未满足的需求，全部都投射在那个爱我们，让我们觉得特殊的人身上，觉得有了他/她，这些需求都会得到满足。”你知道吗？你的生活其实是你自己导演的，外面没有别人，只有你自己，所以要怨只能怨自己。

所有人际关系归根结底，都会回到原生家庭的关系。跟父母的关系，就是最直接的原生家庭的关系。你与其他事件，你与全人类、动物、植物的那些关系，都可以回归到你跟神的关系。中医讲究“四气调神”，也就是说在不同的季节保养身体的方法不一样。身体不就是神的房子吗？所以一定要处理好两者的关系。最终究的关系是当我们脱下肉体回归宇宙的时候，我们自己跟自己的关系。简单说，所有关系都是我们自己跟自己的关系，实际上我们只要解决好这个认识上的问题就好了。

只要活着，我们就处于种种关系之中，和亲人、朋友、同事，甚至一个路人。但有多少时候，人生中总是会怨憎、所求不得，又或者开始总是很好的，但时日久长，就开始变了味道，看得惯的地方变成了看不惯的，看不惯的更是恨之入骨。真正幸福和谐的亲密关系，仿佛总是只存在于电视剧之中。

我们总是难以自处，才不断需要他人的陪伴，好填补空洞的内在。但这终究是治标不治本的方式，没有根的自我，不管在哪里都找不到归属感。这就是为什么有时候两个人反而比一个人更寂寞，一个无法和自己相处的人如何能维持两人之间的和谐呢？

在所有失败的关系之中，挫败的关键都是不敢面对脆弱的自我，也没有处理好自己与自己的关系，因而难以接受两人之间可能不尽完美的真相。我们经常是在与匮乏感搏斗，比如对爱的匮乏感，对金钱的匮乏感，对权力的匮乏感，对智慧的匮乏感，对能力的匮乏感，对感知力的匮乏感，对能量的匮乏感，对快乐的匮乏感，对拥有的匮乏感……

究竟这匮乏感起源于哪里？又是如何在我们的心灵层面运作的？很多人都在找寻这个秘密，希望能够找到这个匮乏的黑洞，去填补这个空洞了，丰盛感就会产生，宇宙的吸引定律就能帮助你走向丰盛。

千万别忘了，我们都是宇宙智慧的孩子，从远离本源的那一刻，恐惧就开始产生了，分离的孤独感就产生了，从圆满到残缺，从整体到局部，从高频到低频，从无限到有限，从永恒到短暂，从如如不动到心慌意乱……

从我是到我不是，从我是一切到我是我，从拥有一切到要争取一切，这种匮乏感早已形成了。正如一个婴儿出生的时候，她是圆满的，她跟母亲是连接在一起的，她就是母亲，母亲就是她。她存在着，丰盛着，快乐而幸福着。可是等婴儿渐渐长大，开始有了自我感，开始有了分离感，匮乏感就开始渐渐产生了。到孩子长大了，离开了学校，离开了父母，踏上了工作岗位，匮乏感就更多了。

可见，正是分离造成了匮乏！如此原始的印记，刻在我们的细胞中，刻在我们的心中，让我们始终受着这股能量的影响。可是，你知道吗？如果你要去处理这些印痕，或许一辈子都无法完全处理干净，因为实在是太多了。只要有黑洞的存在，就会不断吸入匮乏的能量，来增强黑洞的力量，或许还没有等你清理干净，新的匮乏又产生了，如此不断反复，直到你筋疲力尽，甚至对我们自己开始失去信心。

而最有效的方法，是与自己的连接，与本源的连接，是擦拭这之间的灰尘，让连线重新通畅起来，这是根本，这是根源，这是真正的解决之道！没有什么是真实发生的事情，而我们去处理这些不真实的事情，就像在水里试图去除云朵，恢复水的透明；就像在马路上试图去除光的影子，恢复马路的整洁；就像在心里试图去除记忆的影子，试图恢复心的平静。

可是，当云朵消失，当太阳隐去，当记忆消失，或许水暂时恢复了透明，马路暂时恢复了整洁，心暂时恢复了平静。可是当云朵再次在天空出现，当太阳再次升起，当事件再次出现，一切又会恢复原来的样子。

唯有与自身连接，我们才会从分离走向合一；唯有与自身连接，我们才会从恐惧走向宁静；唯有与自身的连接，我们才会从愤怒走上爱的道路；唯有与自身的连接，我们才能从孤独感中脱离，来到那充满光，充满爱的状态中；唯有与自身连接，我们才会从匮乏感中离开，来到那拥有一切，本是一切的状态中；唯有与自身连接，我们才会从久违的残缺感中走开，来到那圆满、完整、合一的状态；唯有与自身时刻保持连接，我们才会时刻保持觉知，时刻保持宁静，时刻保持通透，时刻保持爱，时刻保持丰足，时刻存在于高维智慧中……

只有当你与自身连接之时，才是你与自己建立关系的时候。我们每个人都和自己有一种关系，你可以从一种有意识的立场出发，感受自己，倾听自己、感觉自己、思考自己，甚至自己和自己讲话。你与自己的交往，往往反映了你“小时候”所享受的交往。如果在原生家庭中得不到承认，那么现在你也不会承认自己。你越敞开你自己，你成长得就越快。[①]

在自我连接的过程中，匮乏、残缺、分离、孤独、悲伤、愤怒都是自然而然的感受，而当我们与自身保持连接之时，丰足、圆满、回归、快乐、幸福、爱的感觉也是自然而然流露出来的。了解这些，我们就开始连接自身吧，这样，你就不再生活在狭窄的生活空间。所谓狭窄空间就是因为在意别人对你的评价，活在别人的眼光里，被自己的负面情绪操控、心情沉重、人际关系黏滞。现在，你的格局大了，频率高了，能量强了，那你想要让你的世界怎样呢?

我们想要的人际关系，先从自己的身体感受找到。那是一种放松、踏实、幸福的感觉，是一种小时候在摇篮里的感觉。我们以这为源头，向宇宙发出请求，然后再营造的人际关系才是我们真实想要的，我们现在尊重自己的感受，在爱里面，在美好里面。

你愿意想象你的人际关系可以带给你这样的感受吗？带来丰盛、智慧、机遇、启发，最重要的是，我们一直在这美妙里面。那么，让我们客观地在心里觉察一下我们现在的人际关系吧。

我们曾经刻意营造和维护人际关系，也曾为此处心积虑。在你的人际关系里，请回顾一下，你是不是一直是老大，不当老大你就不舒服；或者你一直是中心，大家不关注你，你就不舒服；或者你一直是奉献者，或者你一直是挑战者……在其中，你能学习成长的有多少？财富比你多的人有多少？社会地位比你高的人有多少？而不论是财富还是社会地位，比你少或比你低的有多少？请你去评估一下你的人际关系结构。

以那种“其实我的人际关系可以更好”的视角去保持觉察，“其实，我现在生活在社会的底层；其实，在人际关系方面，我感觉很累；其实，我对进入新的人际关系感到恐惧；其实，当我不是核心的时候，我就不喜欢这个团队；其实，每一种人际关系里总有一个让我嫉妒的人；其实、其实、其实……”请让自己保持在觉察的频率，深入觉察一下你的人际关系。

我们看身边的人是不是总觉得别人有问题？你越成长，站在更高的格局去看，总觉得别人身上缺点儿什么。我们是在以我们自己的频率提升为主要成长基调的。我们频率低的时候，互相诋毁、互相抱怨、互相憎恨、互相怀疑，现在你是不是正生活在这样的水深火热之中？我试图给你的中脉找到另一个频率的感觉，并告诉你频率的概念。你能不能体会“缺点儿什么”就是频率低了，我们都有过“缺点什么”的时候。如果我们不“缺点儿什么”了，我们也就会得到很大提升。

我常常问：“是什么障碍了你的智慧？”也就是说，

你有什么是不能面对的？我们不能面对哪些东西，我们想掩饰、想逃避，然后被迫面对的时候，你会用愤怒、暴躁、急切、狂躁等情绪去面对。你到底缺点儿什么呢？

我们需要解决自己害怕面对的问题。其实，咱们可以回溯、可以推进、可以疏导，也可以催眠，无论我们做什么，都是在让你做一个决定——“咋好咋整！”让我们积极地面对，回到自己的内在，用那种“唉，我吧，放着好日子不过，净逞能了，三十几岁都没人爱。”你能不能就如此这般诚实和深入地与自己进行对话呢？

“我就是不喜欢别人批评我，我好面子，谁批评我，我就跟谁急！”

“我就不‘往好道儿上赶’，我爱别人老公，而且一爱就是好几年！”

“我没勇气，所以只好把眼前这一大堆事儿都堆在那儿，其实我往前一挺就过去了。哎呀，可我堆了好几年了。”

“我其实很穷，还不老实，还在那儿装阔。”

允许你的身体有任何感受。

“本来我就生活在这社会的底层，觉得士可杀不可辱。天天假设别人在辱我，我天天就和这些人搏斗。本来我就啥也不是，本来我身边所有的人都值得我学习。可我这较什么劲呢！

“我见不得别人比我好，谁要比我好我就生气，就在心里诅咒人家……”

面对！让自己都老实点儿吧！你看，我们喜欢的人是真诚实在、幽默开心、愿意赞叹、谦虚包容、内外合一的。我们就做这样的人。如果这样，我们的人际关系就会格外顺畅美好！

不要再虚假地活着，既然无法忍受此刻的自己，那就勇敢地表达自己，把你要改的地方直接表达出来。向谁表达？就向你自己。不要再含含糊糊、模棱两可地做事，从此刻开始老实做人、做事。能做到的就去努力地做，快速地做，还要快乐地做。要记得每个头脑层面的正见，是需要落实到生活中的，因为宇宙会来检查你作业，看你是否言行一致。如果一致，就会让你尝到生活的甜头，如果不一致，你就要吃苦头了。而这些显而易见的苦头，就是你的障碍，是你在头脑中没想通，或者在头脑中想通了，却心口不一、言行相悖的地方。

外面没有别人，都是我们自己，发生在我们身边的人和事，都是我们自己的一部分："哎呀，我肯定也这样啊。我过去是这样啊，哎呀，可别这样了！我决定改变，要那样……"随后，一种心灵成长就这样完成了。财富、幸福关系是成长过程中的副产品，那真的不是我们追求的，那是我们的成长一定会达成的。所以，我们要成长。我们拥有美妙的人际关系和丰盛的物质，那是必然的，势不可当！

实现圆满，就需要你变得尽量柔软，就是认知到已经存在的一切，任其流过。再也没有需要追逐或争夺的。对大多数人来说，发展这种柔软的能力，享受丰盛的秘诀就在于领受爱的能力！

我们所讨论的全都正在构建我们那美妙的人际关系。找到让自己感到自在的想法，只要情绪上能做到，就什么都能做到，不断找到让自己感到自在的想法，就是不断在提升、提升、提升。

在人际关系里，不仅自己和自己合一，还要和别人合一。“合一”就是和别人“不见外”，和别人是“合一的”的感觉。你和你父母是“合一”的吗？有的人好几年都不回家看看父母，有的人和父母就住在同一个城市，也不常回家看看。有人说，“我拿钱给我父母买了房子”，虽然动作做到了，但起心动念不对。真正的孝顺不仅是要供养父母，还要在心灵上滋养他们，让他们感觉到，不论他们怎样，你都爱他们。他们幸福了，你也与你家的能量连接了，就会更幸福！

和其他人的关系也是一样，也要做到合一。这世界没有真正的坏人，所有人都应该是一体的，别人有不足，你要帮他们改正，你心里带着爱去帮助他们改变。他们所有不恰当的表达、不适当的做法，都是源于恐惧，你应该知道这一点。无论怎样都应该用爱去接纳！

第三章

你就是爱本身

要发现所爱之人，

必先成为被爱之人。

——鲁米[①]

什么是爱？爱是一种意识的状态，爱是一个发生，是一种持久的意识过程。这话是什么意思呢？是说爱不是用你的生理上的眼睛去看的，而是带着觉知去看——用身体、用感觉，用思想。我们必须让爱从内在发生，并从心里感受到它的扩展和流动，让你身边的人感觉到这种爱的流动，就像天空中的太阳，每个人都感受到了它的爱与热量。爱无处可寻，因为你就是爱，就是爱的本身。你在关系中遇到的所有人，你身边发生的所有事，都是你的一面镜子，反射给你，让你明白什么是爱。你要做的，就是认出爱，回到爱，当你回到爱时，你会发现，你的关系就自动回到了爱中。当你在爱中时，你能做的，就是去分享这份爱。

很多人在心灵成长过程的某个阶段会意识到自己“缺少爱”，于是就把自己的痛苦和不幸归因于它，然后怨天、怨地、怨父母，结果非但不能解决这个问题，还使缺失感愈加真实。这种缺失感使我们无意识地向各种人、事、物索取，比如关系、金钱、环境等，而当这一切不能满足我们的期待时，我们必然会失望、怨恨、贪婪，甚至起而攻击。我们向外遍寻不得，终将发现这些治疗“缺爱”的方式没有一个是奏效的。

求而不得的挫败感迫使我们转向内心去寻求解决办法。我们开始问“爱在哪里？如何才能感觉到它？”等等，这类问题。其实我们自己真正需要治疗是“感觉不到爱”的这颗心，是“我不去看爱”的这个病。爱一直都在那里，可是我们对它视而不见。我们只愿意去看错误，不愿意去宽容、感恩、付出爱心。我们没有活出我们本性中的这些品德，而是批评、指责、怨恨、索取，傲慢得连“对不起”和“谢谢你”都不愿意说出口。

如果我们能够谦卑地检视一下自己的“人品”，改变我们的思想和看人的眼光，摒弃那个虚假的自己，我们就被治愈了。试想一下，如果我们宽容和感恩，而不是只去看他人的“错误”，我们怎么可能感觉不到爱？如果我们把自己的爱分享给他人，别人怎么可能不爱我们？我们怎么可能不快乐？

修正那些阻碍我们看见爱的思想观念。向内探索到最后，我们会发现那个更深的原因是内在的恐惧。每个人的内心都埋着一种恐惧，它来自人们诞生之初。人类各种情绪下面的一层是恐惧，然后再下面就是爱，它不以情绪的状态存在。就像那首诗里说的一样：

你爱，或者不爱

爱就在那里

不增不减……

真爱就是这样的感觉。

不要忘记你其实就是爱本身，你怎么可能不被爱呢？创造你的元素和创造宇宙的是一样的，神圣的爱已然在你内在，不要等别人来给予你爱，而是你要先给予你自己，而后他人回应你已经有的爱！这是永恒的法则！宇宙将回应并肯定你已经成就的样子！

如果你希望拥有爱，但你却没有给予自己，你寄希望于他人，那你就是一直在创造一个需求，而这个需求就意味着，你还没有拥有！现在就开始给予自己吧，这是你本来就有的！宇宙回应的是你原本就是的样子！

我们不够爱自己的时候，认为自己不配得到那一切美好的时候，我们就总是觉得自己应该很能干、很漂亮、很孝顺、很会来事，然后又很听话、很聪慧，满足一切完美的条件，只有这样我们才会幸福，只有这样，我们才会被别人接纳，为伴侣所爱。甚至是为了取悦自己的伴侣，让自己变得温柔，按社会上所谓的大众审美标准和价值取向来完善你自己，更有甚者甚至去整容。你所有做的一切，是不相信自己值得被爱，仿佛你只有整成明星脸，变得温柔、知书达理，你才配被爱，配得到幸福。正是这些压力和恐惧导致我们的形象走样，不漂亮、不开心，反正一切都很糟糕。

现在，就让我们在自己的内在认真地做一个决定：情况就是如此，身高、身材、长相、工作、家庭，情况就是这个情况，但人生也一定要过得美好。然后，我们遇见了灵魂伴侣，是特别相爱的人，他吸引你，你也吸引他，然后你觉得他怎么总是这么正确呢？你觉得他这样也对，那样也对。你不害怕出现什么事件，因为他一定会呈现一个更对的他来给你。

一旦你了悟了关系的真相，你就会放弃对完美伴侣或为了我们的伴侣而变得完美的需求。只有自我才需要完美，但没有任何一个自我对另外一个自我来说是完美的。自我必须臣服于心灵与特质连接的现实。外在发生的人和事，都是在挑战我们，让我们接受他们所是的样子，而不是他们或我们想让他们成为的样子。我们必须每时每刻臣服和接纳。[②] 除非你相信你的存在本身就是爱，确定你原本是值得爱，你才会被爱。

当你足够爱自己的时候，才更容易吸引你想要的伴侣和丰盛的人生。关于爱自己的方法，露易丝·海在《启动心的力量》有这样的总结：

1. 停止自责：我们不会随时都有安全感，因为我们只是凡人，请别故作完美，那会给自己带来很大的压力，使我们看不到应该怎样治疗自己。相反，当我们看到了自己的创造性和个性时，我们将会赞赏自己的不同之处，每个人在这个世界上都扮演着独特的角色，如果我们自责，就意味着是在隐藏自己。

2. 停止让自己感到恐惧：如果你发现自己习惯性地在心里自我暗示不好的事，请用想象美好的事物来替代它，例如：美丽的风光、日落、鲜花、体育运动或其他你喜欢的事，每次当你发现，你在吓自己的时候，请想象这些美好的画面，告诉自己“不，我不要自己再去想这些东西了，我要想傍晚的日落、玫瑰花、美丽的巴黎、游艇或瀑布”，等等。只要你不断这样做，最后将会改掉这种习惯，当然，这需要练习。

3. 耐心呵护自己：失误是必经之路，失误是件有价值的事，它是你的老师，请不要因为失误而惩罚自己，如果你愿意从失误中吸取教训，学会成长，最后失误将使你走向美好。有的人一直以来都在调整自己，却总是不断遇到问题，我们需要加强所学的东西，而不是把手举在空中，排斥地说：“这有什么用？”当我们学习一种新方法时，请对自己温和一点，请记得我刚才提过的园子，当有消极的杂草出现时，请尽快把它拔掉。

4. 善待自己的心灵：请不要因为有消极思想而厌恶自己，思想的出现是为了建设我们，而不是为了战胜我们，不必因为自己曾经痛苦的经历而自责，我们可以从这些经历中学习成长，呵护自己的心灵，抛弃犯错的感觉，抛弃指责、惩罚和所有的伤痛。

放松非常有用，它可以帮助我们感受到自己的力量，紧张和害怕只能封闭自己。只要每天花点时间，让身体和心灵放松，不论什么时候，你都可以深呼吸，闭上眼睛，把紧张释放出去。呼气的时候，请轻轻地对自己说："我爱你，一切都会好的"，然后，你会觉得多么宁静，你正在给自己制造新的思想，你没有必要紧张和恐惧地生活。

5. 赞美自己：指责摧毁内在，赞美可以塑造强大的内心，请认识你的力量，我们是无限智慧的体现，如果你轻视自己，就是轻视创造你的力量，请从最小的事做起，告诉自己，你很棒。如果只试一次就放弃，那肯定没有效果，就算只能做一分钟，也请努力吧！如果你在学习新的事物，以前从未尝试过的，请相信我，你会越来越觉得轻松和容易，请为自己努力吧！

6. 帮助自己就是爱自己：寻找能够帮助你的朋友，你是个坚强的人，你可以在需要的时候寻求朋友的帮助，许多人总是很自信，不愿意得到别人的帮助，因为你的自尊心不愿意这样做，与其自己努力了，又因为做不好而生自己的气，不如下次寻求一些帮助吧！

7. 爱自己的缺点：缺点是你的一部分，就如同我们是世间的一部分一样。我们已经做到最好了，爱自己所创造的东西，就像我们爱自己一样。你和我都曾经犯过错，如果我们还在惩罚自己，那惩罚将成为习惯，让我们不能释放，也不能找到积极的解决办法。

8. 照顾自己的身体：身体是你暂时的栖身之地，是美妙的家园，我们是不是需要照料和爱护自己的家园呢？看看，你吸引了什么到自己身上，毒品和酒精最为常见，因为这两种东西是逃避问题最常见的方法，如果你染上了毒品，并不意味着你不是好人，而是意味着，你还没找到更积极的办法来满足自己的需要。③

真正的爱自己是爱和接纳你自己本来的样子，而无须逃离当下。当你可以这样做的时候，你会在很多方面有你自己都无法想象的成长绽放。爱会治愈你，当你爱你自己时，你会创造你生命中无数的奇迹。

基本上，我们所有的人都是理想主义者。我们天生具有一种去实现自我价值、实现自己的所有潜能、完成自己理想心理模式的动力。这种动力一直促使我们努力去成就自己“更好的状态”。比如，我们去上一些专门的课程来提高记忆力、投资房地产或者学做菜，去读所有自己能接触到的对自己有帮助的书，去找婚姻咨询师，去自我肯定训练营以及温泉保健中心。

尽管这种一直想要自我完善、想使自己更加完整的冲动有很强大的天然基础，但在我们的社会里，它已经变得反常而且被误用了。我们没有从自己的学习中感到快乐，也没有享受改变自我的那种创造力，反而因为把自己与别人比较而感到自己有所欠缺，或者因为把自己与一个理想化的自我版本相比，很惭愧自己没有充分发挥自身潜能并达到本可达到的水平。我们太专注于实际的结果——希望有一天自己能成为那个“完成”了的自我——以至于我们不再享受“变成”那个自我的过程。在所有自我提高的努力起作用之前，先接受并且肯定当下的自我是非常重要的。否则的话，我们就永远不会满足，我们会一直瞧不起自己，会向自己指出：总有其他人在我们希望自己能做得好一些的领域里比我们做得更好，并且还会关注所谓我们“应该”做的事。只有我们如实接纳当下的自己，我们才能爱我们自己。从有利于我们的角度来讲，这样我们才能看清心中理想的自己。接下来，如果我们能够意识到自己的某些不足与偏离，那我们就能接受它们，把它们当成能帮助我们找到成为更完整的“理想自我”的指向标。

这种练习应该在愉悦的自我探索、自我发现的精神下做。因为它的目的是通过检查你目前正在进行的“摸索”，来找到你那个理想的自己是什么样子。通过看到你在你的信念里不是什么，你将会发现你所认为的自己是什么样子——你理想的心理模式是什么，内在自我永远在轻推你去实现那个在“架构二”里的模式。

在你的日记里，把你的失败经历列一个清单吧！比如，你做错的和做得不完美的，你所欠缺的和你做不到的。对此不要太当真，游戏一般地去做。心里要明白你写下的只是你对自己怀有的“观念”，而事实上，你自己确实是没有极限的。你需要做的就是改变自己的观念，而你的现实世界也将随之改变。回想一下你有没有做过一些让自己惭愧的事，把其中的“缺憾”列个清单。

现在检查一下这个清单，看看这张清单对你“理想自我”的塑造有什么意义。例如，如果你对自己的评价是话太多，那这对你“理想自我”的塑造有什么意义——你理想中的自己就是一个只能聆听其他人说什么的人吗？难道你就没有想出风头的需要？通过检查你所批评的特征，再看一下清单，看你能否列出一张你觉得是自己理想特征的单子。只要你在挑剔自己，就是因为你不能达到自己独特的心理需求。

现在，以第三方的身份对这个理想的自己做一番描述，就好像你是这个角色的好友。他（她）会做什么，说什么？他（她）有怎样的生活？像做游戏一般地做，要知道这个理想模式经常在变化，是不固定的。

作为这个练习的最后一个环节，认真思考一下你感受到的让你想变成那个理想自我的冲动。想想最近发生的一些事情，在这些事例中，你感到自己有去做某件事的冲动，并以你的理想心理模式——你理想中的自己的角度去看它。试着去领悟你是一个多么理想主义的人。

以前，我们可能总是被动地活在对一段关系的反应与在一段关系里产生的反作用中，现在让我们放下关于这些关系的成见，开始体验真实的关系所带来的幸福感，当你不再将维系一段关系作为生命的第一要义，而是将关系视为洞察自我直至破除自我的局限的途径之时，你将不再受限于任何关系，而是开始创造幸福美好的关系。

我们只需时刻记得：爱是一张无形的网，将万事万物联系在一起。太初以来，它就一直指引和启示着无数寻求真理的人。爱的情绪是一股强大的力量，足以使我们脱胎换骨，它联结着不同的家庭、种族与物种，让我们的社会和全人类更加和谐。正如作家堂·米盖尔·鲁依兹在其作品《成为爱的大师》中所言：

我们可以高谈阔论什么是爱，为它写上1000本书，但是爱对于我们每个人来说都是不一样的，因为我们得亲自体验爱。爱不是一个挂在嘴边的概念，爱是一种行动。行动中只有爱才能带来幸福。而恐惧只会带来痛苦。

掌握爱的唯一方法是练习爱。你无需为自己的爱辩解，你也不需要解释你的爱，你只需要练习你的爱。练习造就大师。④

正如生命的过程是由许多经验构成的一个连续一样，当我们不加评判地拥抱我们生命中的所有经验时，爱就产生了。生活为我们提供了无限的机会，教我们如何去爱。也祝愿你像鲁依兹所说，成为爱的大师！

第四章

真改自己

任何不是爱的行为，都是在呼求爱。

——恰克·斯佩扎诺[①]

在我的上一本书《心灵成长》(丰盛篇)的第九章“觉察，面对，越过”中，我们讨论了如何与自己的情绪和平共处，学会真正地尊重你的情绪和感受，去释放这些情绪，带着爱去关注我们当下的体验。当然我们觉察、面对、越过情绪的目的，不是让你只说声“对不起”“我错了”，不能“知错不知改”，而是要“真心悔过”，是“真改”自己。

我们目前唯一要做的是对身边的事变得有所觉察。而觉察最大的挑战就是愿意开放以前你自我封闭的领域，并且勇敢地面对过去的信念。当你不带评判地活在当下，你的自我便得以转化。

首先你要学会观察生活中发生了哪些事，然后去觉察这些状况和情境都是自己制造出来的。每次我在家吃饭，都能发现菜里有虫子，我妈就觉得：“这菜我都挑了又挑，怎么还会有虫子？”由此，我就产生了复杂或者愧疚的情绪，我一定要解决这个问题，我对虫子进行了忏悔，后来那些复杂的感觉真的逐渐就少了，现在也几乎已没有那样的感觉了。忏悔解决了我跟虫子之间的关系。

我遇见一个朋友，他脸上经常起包，患有很严重的皮肤病，一直都没治好。抹激素类的药物，抹完后皮肤就会角化，变厚了，这是很痛苦的事，他实在受够了。他可能以前听说过，这样的事儿跟伤害过蚂蚁有关。后来他实在受不了，怎么也治不好，于是就决定向蚂蚁忏悔。忏悔后，尽管皮肤病特别顽固，现在他也没有彻底好，但真的有所好转了。

忏悔对我们的人生非常有帮助，哪里有解不开的结，说开了、忏悔了，就好了。过去的事儿，管它是你的错或者我的错，不再纠结就是了。一并忏悔就可以了。没有什么过不去的事，过不去的事就是自己揪住自己不放。我总想说，我愿意这么理解“放下屠刀，立地成佛”。“放下屠刀”，你想想他做了什么，杀了人。不管这个放下是什么意思，平平常常看这个事儿，他杀了生，但后来放下屠刀，就成佛了。虽然他杀了生，但他愿意忏悔，也可以成佛。

没有什么不能获得原谅，除非是自己不能原谅自己。

如果你现在还没有达到很高的振动频率，那是因为你自己不能原谅你自己。在这个基础上，我们想怎么样都可以，但这可不能断章取义地来理解。现在去体会，自己不肯原谅自己，慢慢地变为肯原谅自己，慢慢地变为宽恕自己。

在过往几十年的个案治疗和教学经验中，我发现了一个惊人的事实：百分之九十的个案的症状都是由于无法宽恕和放下所造成的。大部分人以为宽恕通常指向某个对我们造成伤害的人和物，或者创伤性的往事——但其实这只是其中的一部分而已。

有一个更为紧要的事实被我们忽略了：我们最无法宽恕的人其实是我们自己！我们无法原谅和释怀自己过去产生的（有很多是无意识的）决定、行动和反应，造成我们卡在某一个特定的事件和情绪议题中，久久无法走出来。那些围绕着这些事件的情绪就像某种心灵上的雾霾，影响着我们的心智、日常生活和关系互动模式。

你要宽恕自己。你之所以纠结，不肯接纳丰盛、不肯放下，有所挂碍，是因为你没有宽恕你自己。你试着跟我一起体会现在的感觉，你再一起体会我们经过转变的感觉，跟我一起说“可以、可以”。

请真诚地在内心不断重复：“可以、可以，我想怎么样都可以。”请真诚地和你的内在不断重复：“我宽恕我自己。”有那么多不肯原谅别人的事，根源是你不肯原谅你自己。

“可以、可以，我想怎么样都可以。”你就是想怎么样，你还能怎么样呢？大多数时候是你自己以为不可以；或者是那时候不可以，就以为现在也不可以；大多数时候是那件事不可以，以至于让我们觉得所有的事都不可以。自己给自己的限制就在这里，你要原谅自己。

请真诚地对你的内在不断重复：“我愿意原谅。”体会现在的感受，有没有觉得由紧紧地抓着变成放开了的感觉？最终是你愿意原谅你自己。

有的人和婆婆沟通不顺畅，有的人跟自己的妈妈沟通不顺畅，有的人跟自己的先生沟通不顺畅。还有的人表现得很慈悲、很大爱、很能忍受、很孝顺。这就好比你拿了个箩筐来装刺猬，这样一来就总有人会不断地扔给你刺猬。你每次都往里装，最终会有装不下的时候，是吧？还有的人因为沟通不顺畅，就让自己和全世界都敌对起来，变得挑剔和充满抗拒。这好比有人扔过来一个刺猬，你扔还给他一个刺猬，他再扔过来一个，你再扔给他一个，最后你们手中只剩下刺猬了，一筐刺猬。总有一天，满满的一筐刺猬会被抛向彼此！当然，他丢给你一个刺猬，你打回去，其实你也很疼。那么，当我们面对反对、抵抗、指责的时候，该怎么办？答案是接住它。怎么接？举例来说，有人说："你怎么这么笨呀？！"你回答说："是呀！我怎么这么笨呢？是啊！就是这样啊！"

我们在被别人侵略的时候，把这个刺猬接住了，剩下的就是，我就是这么笨啊！就是不如你做得好啊！我发现，我做的这些事都不行，你做的行。对于这个简单的比方，你有收获吗？什么样的人能这样自然而有弹性呢？当然是那些自信的人，本来就不在意这些的人。

别人说你笨与不笨，重要吗？重要的是你如何看待自己。你的人生是你潜意识里的认同造成的。比如，有的人认为自己很了不起，生活里就会不断遇到难度很大的问题和挑战需要他处理，以体现他的能力。有的人认为自己很慷慨，“我是慷慨的”，于是他的人生就真的配合了他的慷慨，谁都管他借钱，而且还不还，谁都来向他寻求帮助，但他有困难的时候人家却都不会来帮助他，他挺失望的。这不是一个顺畅的能量流动，因为以前他只是试图在表现自己。后来他没钱可借了，都已经借给别人了，结果呢！别人还是管他借钱，他觉得：“不行啊，这个忙我还是得帮啊！”他向别人借钱再转借给他的朋友。然后他的朋友还是不还，于是他这一辈子就这样穷困潦倒下去了。这都是真人真事！

我在做个案沟通的时候发现，好多人一辈子其实都是处在可怕的恶性循环中。什么促成了你的恶性循环？这个恶性循环，是你对自己的判断造成的。任何你认为的“是”都会成为你的障碍。

其实，你不就是想幸福点儿、丰盛点儿、美点儿、快乐长寿点儿吗？不就是想这样吗？那你还需不需要自己一定是坚强，也一定是能干的？

一念之转，就是要去掉你潜意识里的“是”，放下判断，让自己成为空无。要获得你想要的生活中的快乐，你不用是坚强的，不用是能干的，不用去承担。我们经常放弃很多快乐去证明自己是对的，其实对错并不重要，快乐才是最重要的。

以下是一个练习，试验它就会获得神奇的效果：

请你真诚地向自己的潜意识表达：我什么也不是。（重复说十遍）然后体会那种放下伪装，成为真实自己的放松踏实的感觉。

请你真诚地向自己的潜意识表达：我错了。（重复说十遍）一说“我错了”，大概你的心里会涌上一种罪恶和自责的感觉。此时，你可以说：“我错了，我错了又能怎么样呢？”我错了！我真错了！不是说我们不真心地去承认错误，而是说在这个当下，我们需要去留意那种陷入深渊的感觉，留意那种汹涌而来的罪恶感。

表达“我错了”是一种让心变得很有弹性、易于臣服又能够坚持的状态。“我错了，但我还是要幸福啊！”“我错了，我啥也不是啊！”“我错了，我还要美，我还要健康啊！”“我错了，我也要被爱啊！”“我错了，还能怎么样呢？”很多人不愿意承认“我错了”，不愿意服软，那么他也就没有能力接受美好的事物。

表达了“我什么也不是，我错了”之后，你的内心就能够放松下来了。因为，在说“我错了”的时候，你所表达的不是“我一定对”，不是“我一定好”，不是“我一定付出”，不是“我一定包容”，不是“我一定忍让”，而是“我一定要健康和幸福”。表达这个意思就要通过退让这个中间环节来完成。

我们关注的焦点不是很对、很坚强、很能干、很厉害，不是付出很多，不是这些。我们关注的应该是很健康、很舒服、很顺畅，是被爱，也很有能力去爱，我们要的是这个，我们更不需要用坚强、能干、厉害、慷慨去外在交换你想要获得的爱、幸福和欣赏！你所有的“是”都是一种交换！放空自己，你什么也不需要，就能获得，也更容易获得！

当你开始学会放下，在这个过程中，你必将注意到许多行为和态度，比如依赖和厌恶，都是建立在恐惧、愤怒、愧疚，以及自傲的基础上的。当所有能被考虑到的区域中的这些思维活动被释放掉后，你会随之获得勇气。相应的，在这个勇气的层面上，你的生活也开始发生变化。或者，即使你选择不去改变这些思维活动，因你的动机不同，你也会体验到与之前不同的结果。至少情感所产生的结果会不同，你会感受到快乐，而不是冷漠的满足。你会发现自己不再因为别无选择而做一件事，你去做是因为你真的喜欢。因此能量的需求也相应地减少了。

你会惊喜地发觉自己爱的能力远远超出了你曾经的梦想。你释放得越多，爱得就越广阔。你的生活源源不断地辐射了爱，你跟自己所爱的人一起享受这爱。当这一切发生时，你的整个人生也发生了改变。你看上去就像变了一个人，周遭的人们给你的回应也不一样了。你是如此轻松欢乐，人们深深被你吸引。服务员和出租车司机会突然神奇地变得细心而有礼貌。你会想，“到底是谁改造了这世界？”答案就是你！你充分调动了内在的创造力，所以这些自动发生了，你现在正以良性的方式影响着每一个与你产生关联的人。爱是最有力量的能量振动。为了爱，人们会不顾一切，会做出无论多少金钱诱惑也做不出来的事。

有无数的例子可以说明当“我不行”这个观念被释放掉之后，一个人是如何蓬勃发展自己的人生的。换句话说，长期存在的生活困境突然间自己分崩瓦解了，与此同时，这种平衡的打破也会令家人和朋友不安。这情形就像经历阵痛一般，恐惧、内疚和责任感突然无影无踪，更高层的意识改变了你的觉知力，新的天地就此展开。以前驱策人们的动力突然间变得索然无味。金钱、地位、名誉、权力、野心、竞争力、对安全感的需要等都毫无意义了，取而代之的是爱、合作、满足、自由、创造力、开放的意识、理解以及内心觉醒。于是你越来越信赖直觉和感受，而非思考、推理和逻辑。阳刚之人会发现自己身上的阴柔一面，反之亦然。僵化的模式为灵活让位。安全感变得不如探索发现重要。

颇为自相矛盾的是，在这个更高层的意识状态下，你反而会体验到达成任何目标都易如反掌的感觉。各种各样的目标：亲密关系、权力地位、财富、健康……这一切都自发达到了从前无法想象的境界。在个人生活中重拾动力，以勇往直前取代进退不得、一成不变的生活模式。

完整的心灵成长模式，成长到最后就是：我错了，我愿意改，我决定……面对负面情绪，很多地方都需要你转化。遇到让你有情绪的事，不管对方是对你进行谩骂还是令你气愤，你都退回自己的内在去觉察这一切，把这个关系调整成促进彼此达成心灵成长的关系，“他不停地挑战我，说明以前我也是这样的人啊”。过去的我，真是很差劲儿，怪不得今天让我遇到这个。这可不行啊！我得改变啊！这样，我就不那样了，我理解他是需要爱的，我赞叹他。他虽然如此跟我沟通，那也说明他重视我啊！我要说：对不起、谢谢你、请原谅、我爱你。其实，在亲密关系里面呈现的就是你要学习和成长的，你要体会随处可以找到力量的感觉。光说我改改改，不说改成啥样也不行。要把你的决定说出来。

我们再一起体会一下“我错了”。你想想一般的情况，你不由自主地说："唉！就错了，能怎么样？！"你想想颈椎的问题通常都是怎么来的呢？如果脖子不能动了，那就柔软点儿，说句"我错了"，能怎么样？我们一起来实战学习一下——"妈，我错了！""爸，我错了！""老公，我错了！""女儿，我错了！""儿子，我错了！"有体会吗？刚开始说"我错了"，有的人会不服气地说："我错了，能怎么样？我就错了！"这样都不对，还有的人很消沉地说："我错了。"这都不好。"嘿嘿，我错了，能怎么样？"我们要的就是这样的感觉。

我们要把说这句话的感觉延续到夫妻的关系里面。你的老公是要一个永远正确的妻子，还是要一个快乐可爱的妻子？快乐可爱的，对吧？你是因为正确而可爱，还是因为快乐而可爱？快乐！让我们在家里做那个总犯错误的人吧！让先生做那个永远正确的人吧！不管你现在有没有男朋友，有没有先生，让我们一起，让我们用最由衷的、最尊重的语气来说一句："老公，你真对！"

完善自己，最好的老师就是"看"。这里的"看"和一般意义上的"看"有所不同。因为一般意义上的看只要用眼睛就可以，而这里的“看”则需要用心。“看”可以学到的东西比学校教的还要多，还要深刻且丰富。大部分人在学校的学习都只能被称为信息收集或知识叠加。这种知识的确很需要学，但知识永远有它的局限性和成立的条件。

而这里作为老师的“看”则完全不同，因为在看时，没有抗拒，只是纯粹地看。这种看是一种专注、开放地学习，这种学习是以解放大脑而非武装大脑为目的的。诚如克里希那穆提所说：“如果你是跟着自己学习，说正确一点，从观察自己，观察自己的成见、定论、信仰来学习，从观察自己的意念、粗俗、敏锐的微妙之处来学习，这样你就成为自己的老师兼学生。”

而且我想，这样的老师将是这世界上最了解你这个学生的老师，而这样的学生也必然是最懂得老师示意的学生。我在你们面前都可以这样，你们为什么不可以这样呢？是什么限制了你？你怕什么？你对自己形象的勾勒里没有任性吗？你对自己形象的勾勒里面没有懒惰吗？没有自在吗？你不能放松，你的亲密关系怎么能是亲密的呢？你不能纯真，你怎么能获得无条件的爱呢？不能在众人面前放下，做回你自己，你怎么可能零距离地与人沟通呢？

你要对自己的形象进行策划，就得改变对自己形象的描述，改变对自己的要求，做回你自己，你就是最美的。以上这些内容，就是要带你突破负面情绪的。你可以和另一个人零距离地交往。一个他人，就成了你的一部分。你的亲密关系也是从这里开始的，你的影响力也是从这里开始的。一个不会亲密的人怎么会有亲密关系呢？

你选择自己的生活，跟其他人没有任何关系；你选择你的生活，跟你的同伴，跟别人怎么想，跟他们怎么认为，甚至跟你原来怎么想没有任何关系，只跟当下的选择有关系。我们现在就要进入到新的生活了。

第五章

清理你自己

一旦你选择相信，内在的潜力将无穷无尽。

——塞斯[①]

在《心灵成长》（丰盛篇）中，我们探讨了我们的身体与根基，以及与“一”连接的一切。现在我们进入第二个能量中心。它位于下腹部，在肚脐与生殖器之间。它调节性的能量，但这并不是说它只是指性快感和性欲，它还是创造的基础。这也是男人体验其男子气概，身为女人体验她内在女性气质的地方。②

这一能量中心对应的神经节称为荐神经丛。这个神经丛连接坐骨神经，是身体的运动中枢。因此，它往往被称为“生命的基座”（seat of life）。第二能量中心对应的身体功能与液体相关：血液循环、排尿、性行为和生殖；也跟水的所有特性相关，例如流动、无形、液态和随顺。这是性欲中心，也是情绪、感官知觉、快乐、行动和滋养的中心。在“卡巴拉生命树”中，第二能量中心对应的是“根基”（Yesod），是水与月亮的管辖范围，而连接的星球是月亮，月亮以二拍的节奏起伏牵引海水的涨落。

第二能量中心的清理，我们第一步要做的工作是，通过浅度催眠连接能量，为你在合适的生理部位做一些调整。应用解剖学、神经学的原理，我们在这儿激发了你内在正确的神经链，这个神经链对应着你的安全。因为它成长的时候正好是我们对个体的安全有感觉的时候。第二能量中心是在六七岁的时候成长。

我们不仅要让第二能量中心有智慧，也要让它很安全。因为这是我们的肉体跟身边的气场结合的点。

你要相信，即便你看不到，也有一种能量在保护着你。你有没有觉得“愿意相信”就是一种能力？同样，你想怎么创造这个世界，在你创造成之前，你就要愿意相信你的世界是怎样的。然后在面临选择的时候，你要愿意相信你的世界是这样的。在你愿意相信之前，你要有相信的能力，有相信的能力就是一种正念。“不相信”那个词会是什么？怀疑的、猜测的、抗拒的，“愿意相信”是正直、正义、坚定、有力量的。可能这事儿不好，你都能因为“信”而让他变好！

你为什么不去创造你要的结果呢？你可以创造这个世界，你心里边怎么想，就会创造怎样的未来；你相信什么，什么就是真实的。那种把握主动权的感觉，现在你可以找到了，你相信什么，什么就是真实的。

还有人真的就没有能力相信。你想象他会怎么样？像贼风入侵了似的，眼睛冒着贼光，一种充满不相信的邪恶的贼光。还有另外一种就是精神涣散，没有能力、没有力量相信。

现在，我们知道第二能量中心是身边的气场和肉体相连接的那个点，就像一个一个的扣子一样，扣在我们的肉体上。

第二能量中心属阴，因此包含了比较多“女性”特质，例如接纳、感情和滋养。孕育新生命是子宫的核心特质，显然也是一种女性特质。水善于接纳，遇到什么就变成那样的形状，而且会流经阻力最小的路径，却随着流动获得力量和动能。

第二能量中心与月亮相关。如同月亮牵引潮汐，我们的欲望和热情也能拥有驱动汪洋大海般的能量。月亮主宰了无意识、看不见的东西、黑暗及女性的那一面。这个能量中枢有非常独特的力量，尤其当我们从心灵深处向外移动，在现象世界引发改变时。

快乐与情绪是欲望之根，透过欲望我们创造出行动，透过行动我们带来了改变，意识也因为改变而茁壮。第二能量中心是掌管性欲，滋养，觉知他人情绪能力的。经常做清理第二能量中心的练习，我们就能够在这些方面达到平衡的能量状态：

锻炼髋部，骨盆和下腹部的动作。

泡热水澡，冲澡或游泳。

按摩和触摸。

情绪释放。

我们可以想象我们的第二能量中心有个宫殿，并且看到一个图像化的宫殿，因为只有图像化，才能被储存在我们的身体里。于是，我们可以以这种想象的形式，想象成有一个宫殿，然后又想象成一道光，一个人，一个什么形象，一个什么象征，再用它来代表那个高频能量。然后，这个高频能量就安在我们体内了。

第二能量中心连接了让我们感到安全的能量，我们可以想象它就是我们的守护神，保护着我们，守护着我们。这之后我们的人生会有什么改变？是不是没有人欺负我们，也不会有什么人来挑战我们了，守护神最先解决的是这个问题。之后一段时间，挑战也不会来到这儿了，也不会遇见什么太糟糕的事儿了。你会发现，有了守护灵之后，一段时间之内你都会是这样。但是，如果你魂飞魄散过一回的话，就还有可能回到原来那样。不过也没问题啊，你每天吃三顿饭，也没觉得烦啊！可以重新再来。

来，让我们进入能量连接的环节。

闭上眼睛。观想红色的光照亮能量根基，这来自宇宙的红色的光，瞬间融入我们，我们与高频能量融为一体。在我们的会阴，那是能量中心，我们看到种子，红色的、发亮的，各自有各自的形状。我们愿意在这一刻，接受高频能量，向宇宙提出请求，扩大能量中心，增加能量。再一次扩大，此刻我们是看到，而不是用心去做到。

我们只是放松我们自己，看到什么就是什么，不需要太认真，不需要太用劲儿，我们有很多机会这样做，不需要太处心积虑。再一次，看到我们的种子，再一次获得高频能量。你听到了，你就可以做到。请按我说的做。

观想，我们把意识力提升到第二能量中心，那来自宇宙的橘色的光融入我们，激活了能量中心，我们的能量与宇宙的能量融为一体。

观想，在我们的第二能量中心，有那辉煌的宫殿。观想那来自宇宙的像太阳一样的光，把这宫殿照得更亮，也把我们的种子照得更亮。来自四面八方，那来自宇宙的能量的光。观想我们邀请来一组能量小战士，他们带着巨大的能量，他们自由地穿越我们的肉体，带走了那些我们在肉体方面的挂碍，那些炎症和那些负面的记忆。

让我们再一次请能量小战士穿越我们的身体，飞跃我们的身体，穿透我们的身体，留下能量，带走我们身体的那些挂碍。跟能量有关的挂碍，跟情绪有关的挂碍。

再一次观想来自宇宙的水，将我们冲得晶莹剔透，我们看到我们的种子不断地被这水冲刷，被这能量的水冲刷，增加了那异常的光泽，灵光闪闪的那种光泽。你听到了，你就已经做到了。放轻松，观想我们的宫殿仿佛被这水洗刷一新，让我们再一次释放那些负面的能量，那些累生累世的细胞记忆，那些冤亲债主、六亲眷属，那些积累的情绪，我们决定了，在一瞬间就可以做到。

让我们再一次观想来自宇宙之光像太阳一样照亮了的一切，照在种子上，那么亮，那么精致，那么有魅力的种子啊，像一颗宝石一样。观想这种子可以为我们创造人世间的丰盛，像看水晶球一样看这种子，你听到，你就可以做到。无论它有多大，无论它是什么样，让我们愿意从这里面看到我们人生的物质丰盛，看吧，看吧，再确定一下，再看、再确定一下，把你紧急且重要的跟财富有关的事情确定一下，无论它是钱、房子、工程项目，还是车、生活方式，无论是什么。看吧，看吧……

就是这样。让我们把意志力收到第二能量中心，看到那座宫殿，你非常安全，让这一切更亮，让我们邀请那与我们有渊源的高频能量来到我们的宫殿，这能量足以保护我们，足以让我们从心底里感到安祥和宁静。无论你看到什么，感受到什么，你都非常安全。放轻松，保持呼吸。

我们在安了守护灵之后，你心里不再有惶恐的感觉，仿佛一直在被保护着。但是这个感觉在什么情况下不会持久？在你又吓唬你自己，你又不起正念，你又开始有强烈的情绪的时候，它可能就无法持久。

相信的能力是要练习和培养的，是我们要在内在做的一种练习。你有相信的能力，你才配获得滋养。有太多的时候，跟学生沟通时，我们会让对方说“我信我信我信哈，快点儿让我好啊！”你的信不是付出，你的信只是一个基础，只是入门，只有当你信时你才配得到好。

你要找到一种“我相信我在做了内在功课之后就能达成”的发自肺腑的声音，找到你发出的声音，不是你的嘴发出的声音。信是一种能量，信是一种能力，信就是智慧本身。那信的状态是什么样的？比如我们跟孩子说什么，孩子信了。如果我们骗了孩子，因为孩子那种信，我们就会感到很愧疚。那种信是多么正向的能量，是不容冒犯、不容抗拒的能量。

信仰是一件严肃的事情，而相信则属于严肃中最为严肃的要点。很多表面上有信仰的人，实则并不全然相信，这种内外的不协调也会在他的生活境遇中带来很多问题和阻碍。他的能量因为这种口是心非而无法顺畅起来。相信是需要真实的生命验证的，而不是在思维中运用逻辑来证明或者证伪。

起码，你可以选择“你信自己可以拥有简单的幸福快乐”，“你信自己可以过奇迹般的生活”，“你信自己可以让高频能量滋养自己并健康长寿”。我们就直接进入那个结果，这也是我们的智慧能触及的最简单以及最好的方式了。当然，这是要我们发自肺腑地愿意信。

第六章

宇宙回应你当下的状态

每一个完美的行动都伴随着快乐。

由此可知你的行动必须是完美的。

——安德烈·纪德[①]

作为人类，我们每天要管理好的能量类型有四种：

身体能量——你有多健康？

情感能量——你有多幸福？

脑力能量——你的注意力能有多集中？

精神能量——你为什么要做这些事情？你的目的是什么？

这四个方面出现问题，其实都不是真正的问题，真正的问题是你因为这四个方面的问题而产生的情绪，并被这种情绪卡住了。真正关键的点在于被卡住。我们大多数人很容易忘记的一件事情就是，作为人类，我们和机器是非常不同的，因为我们生活在一个真实的世界。

这种真实曾经也震撼了我。我看见了那么多的真实，在无数次的震撼下，才有了今日的臣服。你现在已经进入了高频能量的世界。从今天开始。你就有了更多的能量，你就有更多的能力去做更多的事情。从今天开始就不一样了。

能量是无限的，我们本身就跟宇宙相连，构成我们的物质和构成宇宙的物质是一模一样的，我们完全可以跟那些永恒的存在有一个频率上的连接和互动。我们随时可以获得能量！

其实彰显也好，向宇宙下订单也罢，宇宙是谁呢？是高频的电磁波吗？当然，我们可以把它想象成一种电磁波。我们的思想也是高频的电磁波。我们用这个电磁波暂时与我们的肉体联系，我们在各个部分都安放上能发射比较好的信号的电磁波就行了。

我曾经说，我们现在生活中的很多纠结——“哎呀，怎么老有人惹我呢？”一定是我们内在有一个相应的频率一直发着短信：“惹我吧！惹我吧！”本来对方没想惹你，不知道怎么回事就那样了。其实是我们自己操控了这一切。

连接是一种同频共振，当我们起正念，当我们心里有爱，当我们心里有阳光，当我们在心里决定只与高频能量连接，在这一刻，我们的内在就已经发生了变化。此后，随之而来的是我们行为方式的变化。

我们只与高频能量连接，我们从此起正念。在面对非物质的时候，我们突然找到了“原来也是我们自己在把握自己”的那种安全感和那种可靠的感觉。我们常常会假设那么多可怕的状况，是因为我们心里没有被阳光和正念充满。在这一刻，我们已经做了内在工作，我们信“我们只与高频能量连接”，信就是正念。不同的频率根本无法共振。所以我们只可能与高频能量连接。

观想一道橘色的光照亮你的第二能量中心，就是肚脐所在的位置，观想这道光越来越强，越来越强，这道光非常温暖，温暖了丹田，温暖了肾，这道光越来越温暖，温暖了我的腹部，也温暖了我们的腰、臀部。它照亮了我们第二能量中心。现在从丹田的位置，照出来一道光，现在你的第二能量中心像太阳一样发光发亮，你照出的光照亮了父亲，照亮了母亲，观想在父亲和母亲背后有庞大的队伍。他们是我们的世代祖先。

用你发出的橘色的光照亮他们，调整自己的频率，以爱和慈悲，仿佛接纳我们自己的心灵碎片回家一样，以爱和慈悲，让我们第二能量中心发出的光照亮父母，照亮那一切并且迎接它们，让那些能量走入我们的第二能量中心，顺着我们能量的光，顺着那桥梁，顺着那道路，迎接它们回到我们的第二能量中心。

在我们的第二能量中心里有像皇宫一样的建筑，请这些能量回来，住到那宫殿里，保持温热。观想这个丹田位置，我们自己本身可以发出源源不断的能量，是橘色的光承载的能量，让我们的丹田越来越温暖。同时，我们发出的那道光，可以将宇宙的能量迎接回来，使我们获得无限的滋养。

你可以看到那高频能量幻化成天使或者它只是一团光，你也可以看到他是孙悟空或者任何其他的什么象征，你只要知道那物质凝结成的图像并不存在，你只要去发现自己现在喜欢哪种象征就可以。无论你看到的是什么都是正确的，让我们体会自身与这安全、安详又可靠的能量在一起。让我们看到这高频能量像被垄断了一样，瞬间充满了这整个皇宫。

宇宙很喜欢这种带有象征性的表达，这非常有必要，很有用。保持着温暖，保持着光，就是这样。在我们第二能量中心那盛大的宫殿里面，我们迎接回祖先的能量，宇宙的能量不停地滋养着我们，我们本身的能量也不停地与高频能量连接，就是这样。

让我们再一次把意识力向上提升，提升到其余能量中心。观想在我们的前胸有一道绿色的宇宙的光照过来，观想它激活了膻中。在那里，观想我们可以发出绿色的光了。观想我们发出的绿色的光顺着脊柱向上，经过咽喉，再经过脖子、头颅，经头顶百会穴发射出去，我们发出了一道绿色的爱之光。

再把意识收回，观想这道绿色的光自心开始向下，并且这绿色的光经过第二能量中心的时候，仿佛变成了一束清洁的光，仿佛变成了一束能消毒、杀菌、清洁的万能光。

让我们看到在我们的第二能量中心流出了肮脏的褐红色的黏液，让它一直向下。观想这道绿色的光具有清洁、杀菌、消毒、释放的作用。此刻我们的能量根基流出了深绿色的液体。观想能量不断地清洁着我们，滋养着我们，第二能量中心流出深褐色的液体，也是黏滞的。观想有一道水来自宇宙，来自外太空，自头顶开始进入我们的身体，进入身体的每一个细胞，不断向下冲刷，它可以自由地穿透每一个细胞，它不断向下冲刷，观想在我们身体任何可能的地方，流出那些深褐色、深绿色的液体，刚开始是黏滞的，却越来越清亮。这非常重要。无论你是否了解其中的原理。在这个时刻，请你安住，认真去观想，这非常重要。

心发出的绿色的光连接了宇宙，那绿色的能量清理着第二能量中心。对，就是这样，保持着清理。就是这样。你非常安全。

让我们把意志力集中在第二能量中心，仿佛大扫除过后，仿佛风雨过后，仿佛深层清洁过后，我们的宫殿是如此清新，如此充满活力，如此光艳照人，如此充满能量。对，就是这样！

让我们再一次把意志力放在第二能量中心上，再一次看到这清理。哇，绿色的光像某种绿色的射线一样，杀菌消毒，彻底清理。那些病毒、病菌，那些问题、业障，那些累生累世的冤亲债主、六亲眷属，那些过去时对我们的怨恨，等等。如此这般地清理出去，你可以经尿道、阴道、肛门、脚心、手心，任何你喜欢的地方流出……

我们愿意释放那些不应该属于我们的，我们愿意释放那些负面的细胞记忆，我们愿意断除那些不应该存在的能量连接，我们愿意断除那些贪、嗔、痴、慢、怨、恨……

释放、释放，水源源不断地从头顶百会穴涌入，哗哗地冲刷着。释放，水不断地涌入并冲刷，释放……从我们的大腿根儿、大腿内侧向下涌出来，从我们的大腿根儿、腹股沟，向下到脚心，哗地涌入地下……

让我们再一次看到那墨绿色的、深褐色的液体。这非常重要，这非常重要，这些积存、这些阻碍仿佛是那些压抑在我们内在的“内鬼”，在现实世界中会表现成它们与外界的人勾结，制造我们的阻碍。我们没有必要在这个当下再做解释，就能知道所有现在在你身上发生的，以及你所面对的，都可以通过这样的清理来达到你想要的结果。

允许身体有任何感受，任何“酥麻痒胀痛抖”的反应都是可以的。释放没有什么难的，所有心灵的成长就在一转念间，你有没有觉得你那么神秘地在释放，其实这也是对那个问题的一种逃避？假设有很多问题，天天在释放，其实是你握住问题不放，对吧？

让我们再一次安全、专注地想象。如果你看到它是一个人，那就想象我们自己也走进了自己的宫殿；如果你看到它是一团光，你就看到你自己变成一团光，走入了自己第二能量中心的宫殿，如果它是任何象征，三角形、四方形，你也可以想象自己也变成了那样的形状，走入了第二能量中心的宫殿。让自己体会安定、安全、安然、安详的感觉。让自己体会被呵护，被照顾的那种幸福的感觉，让自己体会可以信赖的感觉。可以信赖这高频能量会保护你，就像你信赖你的保镖一样。把你信赖的感觉表达出来，给宇宙看。

允许你的身体有任何感受。让我们再放肆一些。你非常安全。让我们再放肆一些，就好像是一个可以仰仗着父母的小朋友一样。可是我们坚决不可以发出侵略他人的请求。这是原则。我们是要保护你自己不被侵略的，而不是和你一起去侵略别人的。

让我们再一次跟自己的大我进行能量上的融合，就是自己本来就应该如此、就应该被保护的感觉。然后我们可以很依赖地说："我知道大我什么事都可以搞定的，我知道我很安全。"

然后，我们还可以更放肆地进一步提出请求："哎哟，我胆儿很小的，在这件事上虽然你帮助了我，可是这件事发生在我眼前可能会吓到我的！你最好别让我看到这件事，你帮我去解决掉。因为我信、我信、我信、我信。"

那么，我现在的请求就是：别让我看到那些事，我不经历，我也信。我们愿意让大我走在时间的前面，帮助我们解决掉那些危机事件。这一刻，体会自己的内在，心里可踏实了。反正有的地方改变了。在那些大众看来，我们就仿佛有某种气质，而且这种气质是我们内在散发出来的频率。你会发现你身边的人也在赞叹你的气质提升了。再也没有那么多事让我们恐慌了。

我们会发现当我们面对未来的时候，心里幸福多了，美多了。从前，我们看未来，就像站在悬崖边向下看一样。现在我们看未来，仿佛是站在类似高速公路的地方，看前面的路，路就在那里，走吧。在这一刻，让我们再一次落实，好像心里有了那种可以淡定的能力，好像整个腔体，充满了一些美妙的东西。你有这个感受就非常好！我们再去展望未来，如果你有一个大我，会怎么样？如果你的大我可以走到时间前面帮你协调事情，会怎么样？如果你的大我也可以跟你一起帮助那些不懂得运用能量的人，那会怎么样？如果你有一个大我帮你心灵成长，那会怎么样？如果你有一个大我帮你去协调人际关系，那会怎么样？那是高级别的沟通啊！我们的大我可以先行去与对方的神沟通，双方会在智慧上找到对双方最有利的解决方案。那是何等的幸福啊！

就从今天开始，我们已经有了保镖。我们刚刚有点儿困惑，就会发生一件事，这件事就是让我们明白的；我们刚有点儿困惑，就会有人送我们一本书，我们就明白了。而这些都是大我帮我们做到的事情。

我们还有“报马”等差使，当你正为未来的那些焦虑，或者正为眼前的那些焦虑，我们可以派报马过去协调解决，捋顺那些乱七八糟的事情！这样就不会让自己感觉煎熬了，事实上，当我们面对煎熬的时候，最好不要总待在煎熬里面，只有走出去，才可以工作。

现在就做回自己，把能量收回自己身上。从此之后，你会在行为方式上有所改变，这样你就不会再魂飞魄散了，你就不会再面临世界末日了，你就不会有那种无助、焦虑。向自己要、向宇宙要。问自己问题、问宇宙问题。告诉宇宙你的需要。从此，你的生活方式也就改变了。

以爱为基础去感恩和赞叹。爱所在的地方就是心。观想绿色的光，你激活了心的能量中心。观想你可以跟高频能量畅通地连接。观想，随着你的每次呼吸，哎呀！我们仿佛像自行车被打气了一样，被填充了很多的爱，我们的能量体也因此扩得更大了。啊！太好了！我们让这个能量体填充了整个房间，充满整个你所在的城市！让我们再一次扩大我们的能量，让我们充满整个中国，整个地球，整个虚空。

呼吸，将吸进来的一切转化成爱，使其遍布整个虚空。让心柔软，让身体柔软，从这一刻开始，我们可以幸福，当我们看一切，我们把看到的转化成爱，我们就会感受到幸福；当我们听一切，我们把听到的转化成爱，我们就会感受到幸福；当我们闻味道，品尝美味，当我们触摸，我们将这一切转化成爱，我们就会感受幸福。现在，我们决定感受幸福，现在我们就决定，我们感受的，都是幸福。我们把这个决定送给宇宙。

就在这个当下，我们马上调整眼、耳、鼻、舌、身、意那种感受幸福的能力。想象我们用内在的眼美美地看这一切的发生。美美地看着爸妈在吵架，美美地看着爸爸在显摆，美美地看着老婆在闹，美美地看着老公那不能释放的紧张和压力。让我们尝试着美美地看着朋友这句话好像是在欺骗。无论如何，我们都要将一切转化成爱。此时此刻，我们正在用内在的眼美美地看这一切发生，让我们用内在的耳美美地听这世界的声音，让我们再美一些，好不好？让我们把听到的一切转化成爱，让我们再美一些，好不好？无论我们听到什么，我们只感受到幸福。让我们调动内在的精气神，让我们请内在的神，来品尝美味，来闻香味，来品尝美食，好不好？

让我们品尝幸福，好不好，让我们闻到什么都是幸福，好不好？让我们共享这份幸福，好不好。让我们用我们听到的美好、看到的美好、闻到的香味、品尝到的美味，来滋养神好不好？无论如何，我们只感受幸福，无论如何，我们将一切转化成爱，无论如何，我们愿意共享美好。

让我们调动起我们身体最大的器官——皮肤，让我们体会那只仿佛有温度的手，再轻轻地触摸我们的全身，温柔地抚摸，在这温柔的抚摸下，全身的皮肤都知道了什么是幸福，也都知道自己要每时每刻去感受幸福。让我们的每一个细胞都愿意感受幸福，也都能感受得到幸福，让我们的每一个细胞都愿意从高频能量里面直接获得幸福。去体会我们的每一个细胞都在呼吸，直接呼吸宇宙的能量，我们的每一个细胞都能打开他自己，直接获得高频能量。

从今以后，我们开始以能量来活了，我们每时每刻都能获得能量，我们开始获得宇宙的滋养了。不要再压抑自己的情绪，可以用不伤害别人的形式流露出来。我们与高频能量合一了，我们回归自己了，我们找到源头了。所有的美好，将一天一天地铺陈在我们面前，让我们愿意吧！

我们愿意每个细胞都体验美好，都体会幸福！尝试着去碰触，互相碰触你的指尖，用左手指尖碰触右手指尖，再用右手指尖碰触左手指尖，互相碰触，告诉我们的身体，所有的末梢，也都要幸福……

我愿意幸福，我也值得收获幸福。保持呼吸，仿佛每一次呼吸，都在把“我也值得收获幸福”输送给每一个细胞。你想要幸福了，还能有什么美好不配获得啊？你那么有智慧，用智慧什么不能达成啊？你相信所有的发生都是为了让你更美好，因为你在策划你的人生。那么从这个时间点开始，你又在潜移默化间完成了一个转变——你的大脑结构的转变，以后你就可以在点滴中学习了。

你在日常生活的每一秒中获得了智慧，你的思维方式就不一样了。可能之前，你还会愤愤不平、抱怨不断，但你现在就开始要活明白，活透亮，开始过那种心灵成长的生活，谈心灵成长的话题了，你的沟通方式也就是心灵成长的沟通方式了。最重要的是要从这个时刻开始，我们要开始幸福了。

此时，你的眼、耳、鼻、舌、身、意体验幸福的能力绝对被提升了。你现在正在接纳高频能量，接纳来自宇宙智慧的能量，也接纳了心灵成长，这些很重要。

那我们现在就把这所有的一切，归在一起，并将其命名为生活方式。生活方式里面有我们的物质基础，有我们的幸福感、人际关系，有我们精神层面的需求。所有这些，我们都叫生活方式。你现在尝试着扩大关于你自己的生活方式的格局。你就随着你的心，随着你的能量，滋养了自己，也宠爱着自己，让我们利用现在把你生活方式的格局构建一下。

你有没有体会，仿佛整个房间里都充满了芬芳、幸福。无论是在人际关系，还是财富创造过程中，你将体会不到那种紧张、压力、压抑、纠结、疲惫。从现在开始，未来的那个美好将逐渐铺陈在我们眼前。

现在，我们就在调整频率。让我们体会自己在人际关系里面，我们的能量类型是有弹性的、柔软的、可靠的、有力量的、积极向上的，而且你可以看到上面有一个力量，就像在将你往上提一样。你仿佛看到了一个图像，比如说整个画面里都摆满了米粒、花生粒，你是其中的一个米粒，就好像被一根绳拽着，你那个图像会是什么样？你向上提升，你就拉动着你身边的团队、你的集体、你的家族，这样一直向上提升。如果你没有能量了，你可能就向上提升得慢了一些。有能量了，就向上得快一些。

如果我们在以能量来活，那么该如何增加能量呢？所有未来的一切都是能量帮助我们达成的。能量非常重要。那消耗能量的事都包括什么呢？愤怒、抱怨，跟低频率的人在一起，被迫做那些没有意义的事情，等等。这些都是低频率的。一次大的愤怒，有可能会使能量消失殆尽。这样，你就要从头开始。

什么事能增加能量呢？跟有能量的人在一起，上这样的课程，做一些疏导个案。做个案就是有针对性地帮助你进行疏导，增加能量。还有，去大自然呼吸，使用精油，以及做让自己喜悦的事情，都能增加能量，钱能增加能量，创造也能增加能量。所以，我们要不停地学习。根据自己的喜好，学知识，增加自己的能量。

我们现在就要养成一个新的习惯，也做出一个新决定。这个决定就是保护自己的能量。不喜欢的人，暂时不要跟他接触，直到你有很多能量，有能力去帮助别人了，直到你可以像父母那样有爱且慈悲，可以去爱他们。

请你再体会一下，延伸开来，看一下你这个人际关系的能量模式，我们一定要在里边找到那些需要我们帮助的人。你可以想象自己正在上升，在整个图像里边上升到了中上部。

然后，让我们邀请那些高能量的存在出现在我们的能量格局里面。我们可以把它摆在这个图像的上半部，然后自己去看那些闪闪亮亮的人，去看那些充满爱的人，并去体验那些能量。让我们去体会，我们的人际关系仿佛是一张我们自己存于其中的小范围网络。去体会我们自己就在这张网里面，经过不断的调整，我们把这个能量场稳定在一定的频率里。

让我们再次邀请我们的亲密伴侣，亲缘、眷属，请他们出现在能量点分布最密集的地方。现在，请你将自己调整到“宠辱不惊，恬淡安详的状态”。既能含笑亲手布施，也能宠辱不惊、恬淡安详、不卑不亢、平和淡定地接受别人的帮助，并且能结识那么多朋友。

家，是我们永远永远也逃离不了的地方。我们跟家就是一荣俱荣、一损俱损的关系，你根本就不用抛家舍业去做事，你根本就不用远离你的亲密关系才能建立你的人际关系、公众关系，那是没有可能的。

让我们去体会，我们跟我们的亲缘关系越来越紧密，越来越紧密地融合。让我们再一次用调整自己感觉的方法去调整我们自己的能量格局，调整我们自己的关系网。

用调整感觉的方法，允许你的身体有任何感受。也许你并没有在图像上看到什么调整，你只是调整着你身体的感觉。让我们经由那种美丽的蜕变而放松下来，让我们由那种客气变得自然起来，让我们由那种紧绷变得柔软起来，让我们由那种僵化变得有弹性起来。对，调整自己身体的感受。就在当下。调整我们身体的感受。

让我们再一次体会“下心含笑、亲手遍布施”的那种慈悲，让我们尝试着去体会在我们的人际关系里面有那么多需要我们帮助的人，还有那么多属于我们的松散团队，比如我们的客户，我们过去、现在、未来的那些零零散散认识的伙伴、普通朋友，我们都把他们放在这个图像的下半部。再一次去体会以最大的爱、慈悲和谦逊去对待他们。我们看到我们的亲密关系，我们的亲缘、亲子，以及我们的眷属关系在这个图像的中上部，他们那么亮、那么合一，围绕在我们的身边。

我们把家的概念扩展成家族的概念，看到你的岳父岳母、公公婆婆、你伴侣的兄弟姐妹。让我们再一次调整身体的感受，让这一切进一步融合。允许身体有任何感觉。

家族，用这个当下的能量去融合家族的能量。这非常重要。很多莫名其妙的好都来自家族的力量，很多莫名其妙的不好也来自家族的业力。我们现在再一次做融合，找到那种特别亲的感觉，亲人的感觉。

让我们再向上，看这图像的中上部，去找到那不卑不亢的感觉，去找到那种可以学习的谦逊，那种愿意被帮助、被指导的谦虚，允许身体有任何感受。调整自己身体的感受，让整个能量场变得很稳定，稳定保持在让你很舒适的程度。

再次连接高频能量给你的人际关系能量场，让它永远与那本原连接。我们稍微思考一下，用意识思考一下，在整张图像里面，你用得着到处奔波吗？在整个能量网里面，你用得着显摆你的能耐吗？在整个能量网里面，你用得着冒尖儿吗？在整个能量网里面，你用得着特别因为某个人、某件事、某部分、某个团队、某个频率而心生挂碍吗？

体会你在这整个能量网里面，那种均衡的、稳定的，仿佛是星球与星球的关系，仿佛是宇宙，仿佛是在我们头脑中出现太阳系，仿佛是我们耳边可以响起的代表科学的音乐。仿佛在我们头脑中出现了那些字眼——宇宙、时间、星球、光年。

让我们仿佛上升到了整个星际关系，上升到了我们心里可以装进的整个宇宙，可以装进整个大爆炸后的巨大的宇宙。

让我们再一次回头看，太阳系、银河系、地球、月亮，回头看世界地图、中国地图，回头看上海地图。回头看现在的我们，在这个宇宙里面，我们以人类的形式存在，是多么的渺小啊！

可是当我们脱下肉体之后，可以回到的地方，又是多么的广袤啊！人世间的这些事，还有哪些是大不了的呢？还有哪个是想不开、过不去、放不下的呢？即便是那些向我们索取爱的，也因为不停地索取爱，因为我们不想给他，他才开始折磨我们。现在，我们就给他呗！反正“爱”这玩意儿，咱们有的是。

于是，现实中咱们会有什么改变？怎样才能让别人跟你在一起舒服，别人感觉你很招人喜欢？你得知道什么时候你应该怎样，以及你应该扮演什么角色。你跟你老公出去，你老公就是最重要的，你跟老师出去，老师就是重要的，老师跟你出去，你就是重要的。这个地方谁应该重要，谁就是重要的。你不要老是把自己当成最重要的，那样会让你觉得累，别人也累。不这样累着彼此，人际关系才能柔和、顺畅。

你要用真心、真爱、真实活在本原里面，才会有真朋友。有时候，我们以自己那种贪心、贼心，处心积虑地去交一个人并想要获得什么，最后，剩下的全是失望，回头你还会骂人家。

生活中，要学会区分情和爱。情，是呼应他人的情绪，而爱，则是赋予力量。不论他是谁，都跟咱没有什么关系。我们都要拿出真心和对方交心，找到舒服、有收获、有火花的感觉。

这一切都在提升你的能量。你现在再落实落实，“对，我就要那样的人际关系，我就是要过上那样的生活，以后我就是那么简单，就是那么顺畅，那么充满着幸福感，每天都充满惊喜，每天都值得庆祝。”再落实，再落实。或许你已经发现，我正在导引你达到“每天都值得庆祝”，对吧？

对，每天都值得庆祝。庆祝本身包含着感恩，包含着喜悦，也包含着不计较，包含着那种由衷地赞叹。很多事情值得庆祝。你如果把你的标准落到你可以庆祝，再往回落一落，至少你可以感恩吧！你再往回落一落，你就不抱怨了，你就能平静了。

没有什么是解决不了的，关键是你心里要一直向上，一直“high”（尽情且无拘无束地敞开自己），一直有力量。方向就是这样的方向。要自己为自己负责！要找到“铆上劲儿”的感觉。于是我们丰盛的生活方式全部呈现在我们面前了。

在心里落实你的健康活力，落实你的艺术修养，再一次确定那物质上的丰盛，再一次去落实人际关系是坦荡、安全的，是一份可亲的人际关系，并将自己的感觉调整到你希望的淡定、从容、平和的状态。为自己的分分秒秒、点点滴滴负责。生活是由每一个时间点、每一个点滴、每一个片段组成的。让你生活片段中幸福的比例越来越多，让我们就在这个当下，将我们已经达成的样子表达给宇宙吧！

第七章

活在感恩的频率中

感恩就是不带丝毫评价地去生活。

感恩的心态使你能够把所有的经历看成机会，

而非视自己为环境的受害者。

——戴伦 · R. 韦斯曼[1]

你对生活抱持什么样的态度，取决于你的选择。如果你允许感恩运作并支配着你的整个人生，心怀感恩地审视生活："我喜欢我的工作""我爱我的孩子""我的生活如此美妙""今天的天真好"，而且你由衷地感恩，吸引力法则会让你吸引更多这些事物到你的人生中，如同磁铁吸引金属：感恩像磁铁一般带有磁性，你的感恩之情越强烈，你吸引而来的福气就会越多，这就是宇宙的自然法则！中国有句老话叫"种什么因，得什么果""种瓜得瓜，种豆得豆"。这些话都在说着一样的道理，也揭示了牛顿所说的宇宙中运动的其中一条基本法则：每个作用力都有一个大小相等、方向相反的反作用力。

那么当你的人生获得了提升和改变之后，我们要把我们自己放在什么样的频率里面呢？还是怨吗？还是恨吗？放在什么样的频率里？对啊，放在感恩的频率里面。用实际行动呈现我们的感恩，就是面对宇宙要谦虚。我们好多的痛苦都是小我的自我重要感带来的。真的，在我们遇见一个机会的时候，如果什么样的情绪或是什么样的念头让你没有很好地把握这个机会的话，那就是你自己在障碍你自己。

你有没有想过，是什么导致我们不快乐？不快乐是因为有太多的欲望或者需要吗？不是的。是你以为欲望让你感到不快乐，是你以为欲望不能满足让你感到不快乐，是你以为欲望不能满足这个假设让你感到不快乐！如果你跟你先生吵架，然后你就不快乐了，那到底是什么原因让你不快乐呢？你会接着对他说什么呢？你不在乎我，气死我了；你不理解我，气死我了；你不爱我，气死我了。也就是说，“他可能不爱你了”这个猜测和判断让你不快乐了。我们对很多事情有各种猜测、假想和判断，并且使自己备感压力和不快。归根结底，是什么让你不快乐？是谁让你不快乐？答案是：你自己。同样的事件，你完全可以自己决定自己要快乐还是不快乐。这只是你的一个决定。事情本身是客观的，看待和诠释事情的方式才会让你有不同的感受！

当下的你是否快乐是由你自己决定的。总而言之，我们前面讲的是如何保护自己的能量，知道自己是一部很好用的机器，可以决定快乐，也可以决定不快乐。当别人对你做了什么的时候，你的一个回应完全在于一念之间。这一念怎么去处理，完全决定了能量的流向，是增加能量还是减少能量。如何处理问题就在一念之间，这决定了能量的流向、事件的发展方向，决定了你距离丰盛的人生是更近还是更远，决定了能量的增加还是减少。

如果你的内在对了，真的做了“要幸福”这个决定。宇宙就会给你派来一个那么对的人，什么都对。你的内在对了，外在也就都对了。请你真诚地对潜意识说：“我对了，就都对了！”而这样的承认，是需要你先对自己的情绪给予积极疏导的。真的做个“要幸福”的决定。宇宙会回应你。

比如，有时你就是有这样的念头：“我真想打他！”如果是这样，你不用否认。如果我们用投射来理解的话，为什么别人在你面前表现成这样，以至于让你想打他？一定是你心里有某种牵挂，或者你内在具有某种想要控制对方的情绪才让他表现成这样，其实他本身并不想这样的。无论喜不喜欢这些现实，他们都是你吸引来的。

你的心在不断发射出一个信号："你就气我吧。"接收信号的人就会开始积极地、不由自主地回应你的信号，开始失控，开始气你。如果你生气，就会生成一连串的反应。类似的事件就会开始循环，不断重复。找到心里发出的那个信号就行了，这个信号也可以被理解成情绪。想打人的情绪是愤怒。是什么让你感到愤怒？

处理感受最健康也是最好的方法就是释放感受本身。一般来说，世界上已知的处理情感的方法有三种：压抑（隐藏）、表达（发泄），以及逃避（敷衍）。

1. 压抑（隐藏）

这是你在处理负面情感时最常见也是最有害的方法。压制情感会造成被压抑的能量和压力越积越高，最终导致你即使在没有压力时也会无意识地做出不喜欢也不想做出的选择。压抑情感最终会对身心健康造成伤害。

2. 表达（发泄）

发泄是把感受付诸行动。有些时候发泄会带来短暂的解脱感。然而，这仅仅是暂时的缓解感受所代表的压力，并未从根本上清除负面感受。对于被发泄的对象来说，这种表达情感的方式可不那么令人愉快。而且有时当我们对发泄过头感到愧疚时还会引发更深的痛苦。

3. 逃避（敷衍）

我们打开电视机、去电影院、吸烟、外出、听音乐、喝酒等，我们做任何可以摆脱混乱情绪的事。但这情绪并未走开，它还在那里，只不过被埋藏起来，在你自己都不知道的地方继续坑害着你。

你也可以有第四种处理情感的选择，这就是“塞多纳释放法”，这个方法能让你释放情感，排出所有的负面能量。

这个方法能帮助清除在你体内压抑的负面能量。经过清理的你，会变得更自在、平静。随着时间的推移，你会自然地感到自由和安宁，头脑无比明晰。你的目的和方向会更加明确，你的频率会提升，能量会加强，运气也会越来越好。

如拉里·克兰在《丰盛之书》中写道：

释放，这是一个崭新而不同以往的概念，我们先来解读一下。现在，请想出一个你生活中困扰你的人或事。将头垂向你的感觉中心（胸腹部）。这个动作能停住你的头脑、激活胸腹部的感觉中心、开启清理模式。你会体会到随着想象，在胸腹部涌动起的那种你讨厌的能量，我们称之为有害能量。花些时间去注意它，去感觉那里的不和谐感受，它也许是一种揪心的紧抓感，或者是一种打结、心塞的感觉。再强调一次，去注意那里的你所讨厌的能量。

人们要想开采石油，首先得找到石油再把钻探设备或管道下沉到油槽里。接着打开油管的塞子让石油被抽出来。在科威特，人们用水泥灌入石油钻塔，以防石油在萨达姆毁坏油田的时候喷发出来。现在，有股有害能量被困在了我们的胸腹部，它们也想要离去。问题是，如果你使用头脑，它们是不会离开的。有害能量只能从胸腹部的感觉中心离去。所以，再强调一次，想出一个特别困扰你的情况或人，低下头，把一个想象中的管道伸入那股令人讨厌的能量中，将管塞打开，让那能量尽情喷发出来。

现在，让更多的东西喷出来……多点……再多点……

注意你是否变得轻松一点了？现在我们要寻找一点更轻松的迹象来证明这么做是可以去除掉什么的。你也许能感觉到，当你再次回想那个不受欢迎的人或状况时，不再像之前那样感觉过于困扰了——就在一秒钟之前。现在再次回想某个生活中不怎么美好的人或事，将想象中的管道插进那股有害能量里，打开管塞让那能量喷射出来。

如果那里还有很多负面能量，就意味着你不得不进行得更深入一些。所以，再把管道插进那股有害能量里，直插入这些能量的最深处，让它们穿过管道释放出来，释放得越多越好……”②

那些我们身体所感受到的负面能量，如果不能及时释放，会以能量的形式储存在我们的身体之中，不仅会使我们感觉痛苦，还会在我们的身体中形成了阻塞，严重的会致病。这些负面能量有些是你在原生家庭中的经历，有些是你在童年时期遭遇到的无法处理的情绪，有时你甚至都忘记了，但在你的潜意识中，它们一直都还在。你为什么会感觉疲惫和沉重？正是这些堵塞的能量造成的啊！这些负面能量阻碍我们全然地活出内在的真实和与生俱来的爱。即便有好事发生在我们身上，我们都认不出那个好，也没有办法感受到那些开心喜悦的事物。虽然心灵课程中好多老师都会强调要活在当下，你也拼命地去尝试，但只要你还携带着过去，你的身体里还储存着这些没有消化的体验或经历时，你是无法做到活在当下的。

很多时候，那些困在你体内的负面能量，需要你去释放和处理。我们可以通过释放法或其他你认可的方法放下这些负担。但你可能需要花费很多时间，毕竟它已经存在那么多年了。

这里有一个非常经典的案例：有这么一位女士，她很漂亮、很优雅、很优秀，在某个不错的单位工作，但是她不快乐。她来做沟通，沟通的事情真是让人意想不到。这位女士四十多岁，是一个非常知书达理的人。她的婆婆八十多岁，竟然会跳着脚骂她，很难想象那会是什么样的一种情况？是什么样的感觉？她说：“我自己从不这样，从来都不骂别人，婆婆却跳着脚骂我。”逐渐地，通过释放这个情绪，释放这个事件带给她的情绪，然后通过这个事件，她开始往儿时去寻找。婆婆跳着脚骂她这个事给她带来的感觉是什么？是憋屈、冤枉，但因为婆婆是长辈，你不能打她，也不能骂她，只能自己憋着、忍着。再回到她小时候，原来曾经因为一件事，她的一个小学老师喋喋不休地批评她，在那个时刻，她大脑一片空白。那件事本来她是被冤枉的，而那个老师又很刻薄，不停地批评她。她的头脑一片空白，感觉很冤枉、很憋屈。对于一个小学生来说，老师是一个权威。这个事件在她心中形成了一颗种子。此后老师一批评她，她就很害怕，一害怕，大脑就一片空白。

在大脑空白的状况下，眼耳鼻舌身意关闭后，她会无条件地被输入信息。这一事件全部印到了她的脑海里，在她潜意识里形成了一个图片，潜意识里的图片资料都是软件。这些软件就像病毒一样，一直都在那儿起作用。潜意识信息影响着你的生活。

仔细观察她的人生，你会发现，不仅她的婆婆这么对待她，到任何一个单位都有一个领导这么对待她，这很有意思。我们清理掉了这个内在，让她明白儿时有一个事件需要清理，需要她自己去原谅那个老师，从那个恐惧和无助中走出来，需要用现在的智慧回到过去去治愈她的那个空白。

现在所呈现的所有情况都和过去发生的事有关。今天发生的 10 件事，回到过去，可能就是两件事，再回到过去，可能就是一件事了。你要明白人生中的很多事，可能 100 件事的根源都是一件事。我们在做个案的时候就是在用各种可能用到的方法，迅速把你从深渊中拎出来，从这些纠缠里面拎出来。这种纠缠的状况解决不了问题，拎出来之后又回到当初的一件事，在那件事上释放情绪，然后去了解、原谅、感恩和爱。一次个案问题的解决，就是找到了原始记忆并清理掉因此而形成的不良情绪。找到那个因，释放和改变那个因，自然就改变了果。

问题不是问题，问题是答案。我们不怕有什么问题，这个问题就是让我们有一个机会可以从中获得成长。不要怕人生中有事卡在心里，有很多人没有事，但也有很多问题，没有通过事件触动自己，就不容易获得成长。你害怕有问题吗？不要害怕。只要让心灵一直成长，就能够在问题中获得领悟了。问题不会摧残你，它是让你认真地去面对，然后从中得到你该有的收获。所以，感恩并面对这些问题吧，它们是让你找到并去除障碍的最好指引！

有些时候，你可能也会有一些担心："如果自己好了，可家里又发生了变化，那该怎么办？"变化是一定会有的，没有改变就没有未来。但这个变化不见得一定有多大，它也可以是润物细无声。不见得一定要吵，一定要闹，一定要去教育谁。因为心灵成长的过程，是一个放下对小我执着的过程。如果随着自己心灵的成长，变得越来越有能力、越来越强势，目空一切，喜欢指手画脚，喜欢侵犯他人，那么你的成长路线就错了！如果你刚刚成长了几天，你就变得不可一世，那么你的成长就等于停滞在了这个阶段，因为此时你其实只是在一味地索取能量成就自己，你一直在向内吸引能量，并没有向外付出和给予能量，这样能量就只是单项的。但是，任何能量都需要流动才能产生力量，如果总是在对他人指手画脚，以张扬、苦情，或者其他吸引他人注意力的方式发声，要求别人关注自己，为自己提供物质或服务，这都是在提出情绪的要挟。而这种索取能量背后的真相，实际是自己对自己的不接纳，也由此会形成修行之后，脾气反而变得更坏了，整个人也更加僵硬。任何成长，都是一个自我觉察的过程，如果你发现自己是这样的，不要担心，从此刻开始改变，就还来得及。

学习感恩是提升能量最快的渠道。去想一想在你的生活中，你对他人是抱怨多，还是感恩多？从感恩你身边的人开始吧，多去专注地倾听别人，了解身边这些有血有肉的存在，了解他们的生活和经验，聆听他们的观点，把这个艰难的阶段穿越过去。

什么是感恩啊？其实感恩就是心里可舒服了，还有就是怎么能好就怎么弄，怎么能好就怎么做，就是感恩。就是，哎呀，我得好，必须要好，怎么能好怎么来。

都要感恩什么？感恩自己，感恩不是交换，感恩也不需要抗拒，感恩也没有什么可担心，感恩就是让你自己觉得很舒服。

让心柔软，面对宇宙要谦虚。你柔软吗？你喜悦吗？

第八章

读懂父母的爱

一个婴儿带着被爱的需求出生，

而且永远不会因为长大了就不再需要爱。

——弗兰克·克拉克

一个充满爱心的人生活在一个充满爱心的世界里。

一个充满敌意的人生活在一个充满敌意的世界里。

你所遇见的所有人都是你的镜子。

——小肯·凯斯[①]

治愈原生家庭创伤是心灵成长中非常重要的一课，如果我们不曾治愈原生家庭创伤，是注定不可能真正做自己，拥有自己的人生的。萨提亚说人的一生有三次出生：第一次出生，是精子与卵子的结合，创造了一个生命；第二次出生，是母亲把我们生下来，进入一个已经存在的家庭系统；而第三次出生，就是我们成为自己的决定者。对于前两次出生，我们根本没有选择的权利，但是第三次出生，却可以完全由自己掌控。我们无法选择我们的父母，但我们可以选择以何种方式与自己的父母相处，尝试去理解和接纳父母。

现在回忆一下你的父母，他们有什么特质是让你无法接受的吗？比如挑剔、打骂过你，不尊重你的感受，没时间陪你，年轻时出过轨……让我们去觉察你对父母的不满都来自哪些方面。这世界有那么多人有类似的经历，你都可以原谅，但对于他们，就因为他们是你的父母，你就不肯原谅是吗？还有，那些在乱伦家庭长大的人，他们不是也要长大，不是也要原谅和接纳一切的发生吗？还有，有些父母都已经不在了，作为子女的还不肯原谅，你连死人都不肯放过啊！

现在，你唯一的出路就是接纳、喜爱，并深层次地去接受、理解父母所有的一切。这是唯一的一条路，只有这样，你才能好！那么，在你心里，还有哪些要挑战你的接纳能力呢？比如父母曾经想过杀死你，想过把你扔井里，假设这样的事情发生，你也是要接纳的，谁让你那时候那么讨人厌呢！父母曾经当众暴打过你，谁让你那时候那么欠揍呢？现在，你也有了体会，你不会轻易打人的，因为打人也是很累的。那么，还是自己深入地去接纳和理解父母吧。

在这个宇宙里，你应该跟所有和你有关系的人及事物都保持良好的关系，应该用爱去接纳和滋养所有跟你有关系的人和事物。之前，我们有一个误区，我们经常挑剔自己身边的一切，仿佛就我们自己无可挑剔，其实那样很不好。因为你的接纳和爱，会让身边的人感到放松、喜悦，并得到幸福。

那么，你通常都是用哪种方式给身边的人制造紧张感的呢？你有时候会用“我很忙”“我这个电话很重要”“我不开心”“我生病了”“我很累”等方式来制造紧张感。

你自己的父母你不爱，那要谁去爱啊？你自己的孩子你不爱，谁爱啊？你连自己都不爱，你还想有和谐的关系吗？如果我们下定决心加以改正，接纳并充满爱意地对待身边的人，去感受我们身边的朋友，感受认识他们真是我们的荣幸，而且我们每天都在这荣幸里边，在幸福里边，就会认识越来越多让我们荣幸的人，多好啊！还有那种有良好沟通的、智慧的、螺旋上升的感觉，就是那种我能跟他学到东西，他也能跟我学到东西的感觉。我天天感恩苍天和大地啊！我现在就活在梦想里了，这多好啊！

关于对父母的接纳，我还有一种感受，就是我们不珍惜自己的父母。有一次，我和一个朋友聊天，我们彼此发现了这种不珍惜。我的妈妈就是家庭主妇，以做饭、做家务为主，她学历不高，也不爱读书。我朋友的母亲是北大教授，学历很高，在学术上也很有建树，但她就是不常做家务。于是，我从小就特别想有好朋友的妈妈那样的母亲，而好朋友又特别想有我妈妈这样的母亲。你不觉得你的母亲也是让别人羡慕的那种母亲吗？你不应当好好珍惜你的母亲吗？你的父亲也是别人珍惜的那种父亲，对吧？

现在，让我们观想父母就站在我们面前，请让你心灵的屏幕里出现父母的图像，不管他们还在不在这个世界上，请看着他们的眼睛，看着他们的脸，就这样看着，不断地调整自己的感觉，调整到温暖，尝试着把你的眼神调整得越来越温柔，尝试着含情脉脉地看着父母。你甚至可以用你的表情，用你的眼神去表达那份温柔爱意。

放松，再将自己的感觉调整到可以将一种有力的支持给予对方，就是给予对方那种不论你们怎么做我都爱你们，我爱你们，我非常爱你们……拥抱他们，把他们拥抱回自己的身体之中，拥抱回自己的前胸，让他们融进来，持续融进来……

再一次让父母的形象出现在自己的脑海里，再一次以爱、温柔、支持、接纳，像看情人一样看着自己的父母，再一次用夸张的表情去表达那份爱意。这一刻，让我们以内在的天真去做这些吧!

放松，释放父母曾经带给我们的权威感，该是用爱来浇灌父母的时候了。放松，再一次深深地进入自己的内在，这一刻无论如何，说“我愿意原谅我自己”。保持呼吸，体会这一刻身体的感受。让我们在这个基础上，让我们越来越轻松，越来越有力量，现在用你的方式支持父母，告诉他们你爱他们。

把你的感受提升到更大、更高、更多爱，提升到可以浇灌他们，可以宠爱他们，提升到可以有很多爱给他们，提升到可以包容他们，提升到可以支持他们做任何他们喜欢的事。

“妈，我爱你，你在我心中天下第一”，用妈妈喜欢的方式和语言告诉妈妈“妈，我爱你”……

现在，请逐渐把你的原谅、理解、接纳、爱和支持提升为赞叹:“妈,你真漂亮,我朋友都说你漂亮、皮肤好、年轻，我以你为荣……”

让我们精细地觉察一下我们心底的声音，“哎呀，那多虚伪啊”，等等。如果你内在的声音是这样的，我现在就可以给你一个评价：你这人不行！因为赞叹别人是一种胸怀。

当你可以全心全意地倾听和陪伴你的父母，发自内心地赞美和欣赏你的父母，并由衷地感激他们为你所做出的牺牲，那你才真正算是与家族的能量连接上了。如此，才能真正感受到家族世世代代所传递给你的良善的力量，得到源源不断的滋养。

你现在要做就是狠狠地爱你的父母，狠狠地宠你的父母。当你真的有了决定之后，你会有不同的心理感受，而身体感受又会在此之后带来一个图像化的对未来的演绎，这是一个完整的心灵成长路线。

现在就决定，用你的决定带出你的感受。按多世界理论的说法，一个感受、一个改变，都会导致下一个世界是不一样的，也会导致你的未来是不一样的。你在这个时刻决定“爱”，因此后面的所有事件都会是幸福的。

我读过一篇文章，讲的是作者的父亲。他的父亲很老了，吃东西的时候弄得脸和身上都很脏。有一天家里吃饺子，他父亲想喝一碗饺子汤，可是他就特别烦。因为他爸爸手抖了，端起饺子汤的时候弄洒了一地，还弄脏了衣服。他收拾的时候很烦，还说“您怎么这样啊”。他父亲没有任何反应，明明感觉到儿子态度很过分，父亲仍然表现得特别平和、特别接纳。那天晚上，他父亲睡了，从此再也没有醒来……

其实，我们就在那个烦和怨的时候，忘记了爱，忘记了父母每天都还活着就挺值得珍惜的。有时候我做个案，我不知道自己要跟这个个案说什么，她对父母的那一点点事情始终耿耿于怀，经年不忘。我就通常会和她说：“如果你父母得了绝症，他们随时可能离开人世，可能你对他们的原谅就会多多了。”

我们与父母的关系是我们在人世间关系的源头，是所有关系的源头。你看那些跟父母断绝关系的都不会很幸福。甚至当我们找伴侣时，男孩儿还好一些，尤其是女孩儿找男朋友，父母不同意的，基本就是不适合我们的。有很多年轻女孩儿因为这样的事跟父母闹矛盾，恨起来了。你的亲爹亲妈，他们能不为了你好吗？可我们就以我们的局限，来看待整件事情。

现在你真的可以无条件地爱父母了吧？你看他们那些狭隘、局促，那些你原来看不惯的事情，你现在可不可以觉得他们很可爱呢？以你更大的格局把父母放在手心里，你就会觉得他们很可爱。你看父亲在显摆，是不是很可爱啊？你看妈妈在用各种方式索求爱，是不是也很可爱？你看到他们有很多的做法，很多不得当的做法是源于他们的恐惧，你是不是也可以有能力、有能量去好好治愈他们了呢？

你父亲出没出过轨，跟你没关系；你母亲出没出过轨，跟你没关系。你现在可不可以觉得自己真的都没有权利讨论那个事情呢？即便你的亲生父母把你送给了别人，不也是为了让你健康地长大吗？他难道是为了把你送到一个折磨你的地方吗？假设你不能体会这其中的爱，你还可以想象把你亲生的孩子送出去，是什么感觉，这有什么不能原谅的呢？哪一个正常人会侵害自己的孩子呢？你能理解父辈的病态吗？你能知道他们也是缺乏爱的吗？

他都没有能力像正常人一样，你在心里因为他做的一些事而纠结或恨他，有意义吗？当下就做一个决定，无论你的心中升起什么样的声音，你都要自己解开这个结，让我们真实地面对我们与父母的关系，用爱去理解、包容一切，负起自己应负的责任，这样才能好。

从爱父母开始，从获得长辈的滋养开始，从和谐的家庭氛围开始。你跟你婆婆关系不好，你丈夫难道不难受吗？你跟你妈妈关系不好，难道全家不难受吗？你制造那么多难受，难道你自己不难受吗？你发出了那么多难受，难道不会有很多难受回到你身上吗？

现在，我相信你可以遵循你的决定了。要知道，你现在的决定可以带来行为方式的改变。你想象一下，如果你再见到父母会是什么状态？高兴、柔软、接纳、赞叹、融合，情况不一样啦！现在是爱父母的阶段了，我们成长了，我们改变了，我们的人生从此不同了。

无论你母亲是唠唠叨叨，还是骂骂咧咧，你不觉得她挺招人喜欢的吗？依据多世界理论，你觉得她挺招人喜欢的，她就挺招人喜欢的了。这样就营造了一个幸福的世界。如果你烦了，她也会表现得越来越恶劣了。

好了，你是不是感觉到自己的改变了？请深呼吸，让你心里宽敞起来，“怎么样都得好啊，咋好咋整呗！”然后再去爱她，努力爱她。如果能量低了，情绪低了，“怎么样都得好啊，咋好咋整呗！”再去爱……你就会发现，你的母亲真的招人喜欢了。然后看父亲的那些，是不是也很招人喜欢？这样，你就不会因为他讲过去那些事讲过一百遍而烦了。他为什么会反复讲呢？是因为他想要被赞叹。那咱们就狠狠地、真诚地赞叹他呗！

你说，人都是怎么改好的？是“爱”好的。什么问题他们自己都知道，不用你去批判。你就爱他们，你就配合他们，你就赞叹他们，你就用大量的能量滋养他们，他们就健康，他们就高兴，他们就更理解你，愿意为你去分担，又更愿意跟你做有效的沟通。就是这样。

忘了在什么时候，我看过的一篇文章说，小时候觉得父母是自己的天，后来开始越来越挑剔父母了，觉得父母不如自己，再后来等到自己真成熟了的时候，觉得父母还是挺智慧的。

我们这一刻就直接进入这个结果，就是直接看到父母是智慧的。父母真的很有智慧，没有父母的智慧哪有我们的今天？不管父母是否健在，都要这样去觉察和表达。我们再放松一下，到自己的世界里去体会。你最好去体会身体的感觉，比如说身体哪个地方有紧的感觉，哪个地方挺不舒适的，最好能体会这个感觉。现在我们要做的是内在的工作，就是体会这身体的感觉，任思绪纷飞，想完之后，再把这个事儿背后的情绪释放掉。允许身体有任何感受。我们现在的大目标是释放身体的感受和压抑，在自己的觉察下帮助自己完成一个转识成智的过程。

现在，我们已经知道了父母的智慧。有的时候我们觉得会有压力，可是这种压力恰恰是我们今天的福利；有的时候我们觉得是父母对我们很挑剔，可恰恰是父母的挑剔让我们如此完美。让我们把所有自己与父母之间的这一切理顺一下，整理成我们今天的智慧。比如说“哎呀，我发现了，如果不是当时我上大学的时候，父母老说家里的钱不够花，我现在可能就没有这么大的赚钱动力了”。“如果不是当时我买件衣服，我妈不想给我钱，我觉得我妈不爱我，可能我还没有这么大的动力让自己这么美”。如此这般的吧！

家族就像一个小世界，在我们儿时，家族就是我们的全部世界。这个世界很奇特，仿佛下面有坠子坠着它，坠子就是家族影响力；上面有盖子盖着它，盖子就是家族极限。家族影响力就是那些有形或无形的阻碍，常常是被动的，不易被觉察。家族极限却是家族成员的败坏，常常是主动的，排山倒海般的。

当家族中成长最快的一个人碰触到超过盖子的高度，全家人都会上来阻挠，并且找到确凿又合理的理由。家里原来的猴王会将新猴王绳之以家法，永不得翻身。也有血气方刚的新猴王，和家里斗争到反目，以致血流成河。历史上有无数的教训。

这就是我们必须进行家族式成长的原因。无论老猴王是爸爸、妈妈或是年长的伴侣，无论新猴王下场如何，我们彼此都有没懂的道理。父母给予我们生命，然后，我们才可以来地球上学习。父母是管道，不是源头。肉身父母是走廊，不是殿堂！

我们终究是要透过对心灵功课的学习，找到神圣父亲——创造力，福佑母亲——慈悲，而这样的父母，就在我们的内在。我们要突破限制，突破家族极限，突破自我认知的极限！

我们每个人终其一生，都是在找寻自我的定义，对内心的探寻更加艰难，但我们都需要鼓起勇气找到心中的那个“家”，穿越原生家庭中的爱与痛，与自己的内在，与父母和解，去成为幸福快乐的自己，重塑自己的人生。

第九章

赞叹的力量

如果你想与别人的心灵相连结，

就赞赏他，

你将自动停止权力斗争。

赞赏是进入心的门，

它打开你的心，

容许你在生活中体验更多的爱。

——欧林

当你穿越了原生家庭带给你的爱与痛，你会发现，你的关系就自动回到了爱中。当你在爱中时，你能做的，就是去分享这份爱。你每次通过感觉、赞叹或行动付出爱时，你就是在你的周围场域增添了更多爱。你给出的爱越多，你的能量场就越大。你的能量场里面有什么，就会吸引什么，所以你能量场中的爱越多，你就拥有越多的力量来吸引你喜爱的人事物。你的爱也进一步升华，你的格局进一步扩大，从对父母的爱，扩大对其他人，对社会，对整个人类的大爱。

我们生活在各种各样的关系中，如果你想要为自己营造良好的关系，那么赞叹是一个简单而有效的工具。我们常听到“随喜赞叹”，它有两层意思，一是对他人积极认可的态度，二是内心对事物所产生的崇敬之心。它是一种积极的正面能量，给人以动力和支持。说话时要不言无意、适时而言，要化怨语、说真实语，赞叹不仅仅是对他人的认可，更是对他人的欣赏与鼓励。在你说“有你真好哇！”“你真厉害啊”时，也是对自己内心的洗礼。

赞叹是一种胸怀，也是一种格局。你未来人生的高度完全取决于你的格局。如果你看人家好就把你气得够呛，那你肯定好不了了；如果你看人家好，你就想跟人家比试、较量一下，那你这辈子就老得搏斗；如果你看人家好，就连接好的感觉，然后你心里虽然也明白，却没有表达出你的赞叹，宇宙怎么会知道你想好呢？

现在，让我们用赞叹来检验一下自己的格局。首先去体会一下，在过去的人生中，你对别人的赞叹能达到什么程度？你是那个常常赞叹的人吗？你是那种只能赞叹自己，而不能赞叹身边的人吗？或者，你能赞叹别人的某一部分，可后面总会跟着一个“但是”……如果你的赞叹不全然，只是一年吃顿饺子那样的赞叹，你就知道你的格局是什么水平了！现在，重新调整一下格局。把频率调整成为：由不愿意赞叹，勉强赞叹，对赞叹颇有微词，变成由衷且全然地赞叹。常常赞叹这是很谦虚的表现，常常赞叹应该是常态，是必然的。

现在，让我们重新来赞叹爸爸，赞叹妈妈，赞叹公公婆婆、岳父岳母，赞叹老公、妻子、孩子……有时候，我们虽然是在赞叹，但我们依然不愿意深入地赞叹。我们常常故意假装赞叹，其实铺垫之后是要说出对方的缺点："这人特别好，特别勤奋，总是加班……"其实你心里想说："能力不行，所以总是加班……"

以前我们的赞叹都很狡猾的！尤其是领导赞叹员工，话外有音。现在，让我们回到赞叹本身。赞叹本身就是能量，赞叹本身就是感恩，赞叹本身就带着喜悦。赞叹本身也是高频的，让我们全然赞叹吧！

赞叹就可以获得宇宙对我们的恩典！因为所有人都喜欢赞叹，宇宙当然也喜欢赞叹。好，现在就把你的人际关系扩展出来。你身边那些人，赞叹他们吧！

在头脑中出现这样的图像，你站在舞台上，舞台下面坐着一系列的观众，包括你的亲人、今生的朋友、冤亲债主、未来将遇见的人，所有人都坐在台下，想象那美妙的灯光照在你的身上，你站得很高，你是主角，你不需要用任何语言，用你的感受把你对他们的爱和接纳传播出去……

在这个传播的过程中，一旦传播到某一预先设定的点，你就可以决定带着你的喜悦找回你的力量，把你对大家的赞叹、肯定、支持，传播出去。想象这时你的助手送上来一大袋又一大袋的牛奶糖，想象你把那些糖抛向观众，那些糖象征着你对他们的爱、支持、赞叹。

再一次带着力量、带着支持，把你对大家的赞叹传播出去，假设观众席里有几个是你的仇人、你的敌人、你的竞争对手。即便如此，我们也让自己保持在爱和喜悦的频率里，由衷赞叹："有你们真好……"

在这个当下，在这个情景里，让我们再做一个深深的决定：做个有格局的人，做个充满爱的能量的人！把你的决定延伸到未来的某个时间点，在心里想象"以后我就是这样的人"，哪怕你还没有把它整理成语言，可是你的内心已经有了决定了。"嗯，对，怎么好就怎么做……"

到此为止，你已经不会纠结了。当你的格局大了的时候，你能量的通道仿佛也大了，那些原本不值一提的烦恼事自然就消失了。那么，请你再想想一开始放在我这儿的事，是不是有些可以任其发展的，也就不再妨碍你了呢?

在这里，我们要补充一个呼吸练习。这个练习要在你做到了以上和父母的连接之后来进行。这个练习将帮助你更好地感受来自父母以及家庭的支持。这是一种在任何时候都能进行的清理方法。它的基本姿势是，正身端坐在椅子上，后背靠着椅背，双手放在腿上，脚底贴着地面，用双脚与稳定的大地接触，借此回归平静。然后请根据下列提示呼吸：

1. 鼻子持续吸气七秒。

2. 鼻子屏住呼吸七秒。

3. 鼻子持续吐气七秒。

4. 鼻子屏住呼吸七秒。

1 ~ 4 步为一组动作，每组重复七次。

让我们用爱向上照亮，照亮我们的父母，我们用无条件的爱，一直爱到父母柔软了，爱到父母没有火星儿了，柔软了，平静了，就这样。我说到，你就可以做到。就这样，无条件地爱他们、爱他们……从我们这里发出的能量没有一丝是挑剔的，没有一丝是指责的，没有一丝是不能接纳的。爱他们、爱他们，正如爱我们自己的根，爱他们、爱他们，正如爱我们自己的源头。爱他们、爱他们，这个动作可以使我们从祖灵获得更加高频的能量。

让我们就在这个当下，把我们面对父母的感受调整成“就爱他们”、就惯着他们，就让他们因为有我们的爱，而变得无限自信，就爱他们，就惯着他们。你现在就正在这样做、正在这样做、正在这样做。爱着他们、惯着他们。任思绪纷飞，在头脑中过滤一遍所有你不能接纳父母的那些事情。

过了，就让他过了。以爱以慈悲滤过那些你不能接纳父母的事情。再次调整自己，把那些颇有微词的感觉，“嘍”也都调整掉。我们可以不恨，可以不怨，连颇有微词也不要，“啊哈哈”，就这样爱着父母、就这样惯着父母，怎么地？怎么地？这样是不是很牛？嗯。

让我们想一想，咱们今天早晨的时候提起父母的那些事儿，你还颇有微词，恨不得每一件事都做一个功课，然后去解决掉。现在评价一下你的那个时候，是不挺差劲的？缺点儿啥，是不？让人笑话，对不对？拿不出手，是不是？

爹是咱的爹，妈是咱的妈，咱就好好爱他们，然后让他们因为有我们的爱变得无限仗义，他们就不害怕了、就平和了，就幸福了。你也就幸福了，不煎熬了、不生病了，多好啊！

评估一下你自己，确实做到了吗？现在评估一下你自己，让我们再猛猛地做一下吧！现在咱就干这件事！就做这一件事，“就稀罕咱爹妈，爹妈做啥事儿，咱都觉得好！怎么地？”

跟着我这样做，“对！爹妈做啥事儿，咱都觉得好！怎么地？”你爹妈也没杀人、也没放火，那有什么不能接纳的？做什么事儿咱都觉得好，你爹妈把你送人了，他们还没把你掐死了呢！做什么事儿咱都觉得好！别扯那些没用的！“哎哟，我恨他们，他们把我送人了。”那也比把你掐死强，对不？够好的啦。

还有，看不惯爹妈这样那样，为啥咱有的人生在富贵人家，父母受过优雅的教育呢？你跟你爹妈频率接近，所以咱们这样发生，你还在那儿扯啥啊？而且咱们这样的爹妈一定是被人羡慕的爹妈。我也有个案，他姥姥、姥爷就有名，他妈就有名，他爸就有名，他今年几十岁了，回忆过去的时候，还觉得压力很大，觉得不如生在普通人家。站着说话不腰疼！

但是换另外一个角度，是不是咱们生在普通人家，已经值得珍惜，然后呢，别人生在名人家，值得珍惜；生在有文化的家，值得珍惜。有文化的家还羡慕没文化的家，值得珍惜，总之，一切都值得珍惜。

我现在就觉得贼稀罕他们。就是我决定了，决定之后要带来一个身体感受，身体感受之后又带来一个未来的演绎，图像，这是一个完整的心灵成长路线。现在是决定，有的人还不肯狠狠地决定呢。决定，这样你就能好。“我就稀罕我爹妈”。我现在觉得我咋这么稀罕我爹妈呢！你用你的决定带出你的感受。嗯。

多世界理论，那一个场景啊，稀罕和不稀罕，都导致下一个世界是不一样的，也都导致你未来的感受是不一样的。你这个时刻决定“稀罕”，后面的所有事件都因此是幸福的。如果你这个时间决定挑剔，你后边的嘴脸啊，都是嘴脸。

父母还都在，就挺好的。你现在挑剔你的父母，对他们来说，都已经很奢侈了，还有跟父母冷战，也有故意不跟父母亲近的。你现在就改变吧。无论你心中升起什么样的声音，你都要自己解掉这个结，让我们真实地面对我们与父母的关系吧。

我们抱怨父母的太多了。常常我们没有因为父母没做到而抱怨，而是因为他们没有做得更多而抱怨，这太不合逻辑了。常常我们因为别人的父母给了人家什么、我们的父母没给我们什么而抱怨。你只能抱怨你自己没有那么高的频率，生在那样美好的家庭。如果我们不能是富人的后代，那我们就努力成为富人的祖先吧。从现在开始，负起责任吧！

从爱父母开始、从获得长辈的滋养开始，从和谐的家庭氛围开始。你跟婆婆关系不好，你的儿子难道不难受吗？你跟妈妈关系不好，难道不全家都难受吗？你制造那么多难受，难道你自己不难受吗？你发出了那么多难受，难道不会有很多难受回到你身上吗？

在心灵成长之路上，切记不要因为自己心灵成长了，就带着优越感回去批评他们、指责他们。你现在这样的年龄，知道哪里对哪里错，请问你的父母他们知不知道哪里对哪里错？你不是那个应该指出父母错误的人，而是那个只能爱他们的人。这才是正确的爱的序位。

我们再放眼望去，很多大户人家的日子，兴旺发达地过起来了，那种幸福其实也是你要的幸福：子孙昌盛、父母安详。那种幸福是媳妇有媳妇样，老公有老公样，孩子有孩子样，爹妈有爹妈样。你只需要做你该做的“样”就可以了。你不需要是你父母的导师、领导、批评者、观察者。你有你的序位。女人也不必当男人的领导、导师、观察者，除非他需要你这样。

现在，在你头脑中构建出一个家族的序位了吗？那我们就再次落实一下。先说老公有老公样，你要努力工作、积极进取，自强不息。同时，你也是家里最正气、最正直、最正义的代表。自你之下，谁有问题，你都要直接说、直接指导。你老婆有什么问题，指出来让她改啊！你有什么需求，说出来，你是一家之主啊！

你接受来自父母的无条件的爱；你接受来自妻子的无条件的爱和支持，你接受来自孩子的无条件的爱和支持。而且，你掌握着这一切的节奏，你被尊敬，你起正念，你改掉家里其他人的缺点。你像火车头一样，带着这个家朝前走。你在小事上没有挂碍，你不纠结细节。你用你的阳光照亮这个家，接纳一切。看待家里发生的事情，你心里要有一句话："哎，挺好，差不多就行了，都不错。"

我是说要你保持正念，保持你的正直。现在，有太多老公被老婆的纠结给影响得失去了力量！哄啊、忍啊，最后就从啦，老公从啦，服啦。这不是正确的家庭序位，如果颠倒序位，家庭就会不幸福，孩子也不会好。

对一个女人来说，你自己也应该知道怎么做，不管你是谁，无论你是职务高还是赚钱多，你都不可以凌驾于你丈夫之上。对一个家庭来说，你要起的作用就是营造温暖、幸福、安全的感觉。你知道，在这个家族系统里面，一个女人要能站在爱的序位上，她就是爱的源头。请你体会那种质感，温柔、安全、可靠、祥和、幸福的感觉。做对了，你自己心里会很柔软，有弹性，有质感。

请你体会那种能量，那种包容广博的格局。

请你把能量往自己身上收一收，滋养老公、滋养孩子、滋养这个家族，你能感受到吗？你的能量，那一大团，那爱、那圆润、那质感，你能体会吗？对，那就是你。你就应该是那样的。

这时候，我们应该觉察一下我们曾经的做法：跟婆婆吵架，挑拨老公跟婆婆的关系；看不上老公，想证明他不行，挑战老公可忍耐你的极限……改吧，改掉这些影响你幸福的思维方式和习惯。

也许你会说，我都做到了，我没错，全是丈夫不好！你想想，你在这种状态的时候，别人会有什么样的感觉？大概是那种不断抢夺别人的能量，和别人较劲的感觉吧。我们该关注的问题不应该是谁对谁错，我们该关注的应该是怎么才能把日子过好。作为女人，柔软、接纳，心里有力量很重要。愿意改变就能使你的人生更好，能创造出属于你的幸福生活。

在家庭系统排列里面，爱的序位让我们一起体会我们该如何面对我们的下一代，帮下一代起正念，帮下一代改毛病。以前我们的长辈说我们就是带情绪的，非打即骂，说不出理来。而且，我们的父母常常只跟我们说了哪儿不好，却没告诉我们该怎么办。他们总在用指责的方式教育我们，对我们的教育常常只限于指责。

那我们对孩子呢？是不是就要像心灵老师一样，抽丝剥茧、起正念，告诉他什么是好，应该怎么改变。但是要尊重他自己的选择，因为社会也是他的大学，他自己撞了南墙，就自然会回头。你以非常尊重这个独立的人格的方式呈现，就不会过于操控孩子，也不会太过侵略孩子自己的领地。这样，你才能无条件地支持孩子。体会当我们面对孩子的时候，那种能量，仿佛是父亲，又仿佛是丈夫给这个家庭的能量一样，正义的、简洁的，有什么说什么、不带情绪，也不因小事而产生挂碍的能量。

我们在家庭系统排列里应找到自己的能量均衡点。女人去体会你自身那种正直又柔软，谦逊又有弹性的能量。大户人家的女主人是谦虚的，是细腻包容的，是能落实能量回到自己身上的；大户人家的男主人是豁达的，是积极开朗、有力量的；是能落实能量给自己的。

让我们用男主人和女主人的能量，用爱向上照亮。照亮我们的父母，我们用无条件的爱，一直爱到让父母的内心都变柔软了，爱到父母没有火气了，平静了。就这样，多好。我说的，你也可以做到。就这样，无条件地爱他们、爱他们……

从我们这里发出的能量是没有一丝挑剔的，没有一丝指责的，没有一丝不能被接纳的。爱他们、爱他们，正如爱我们自己的根；爱他们、爱他们，正如爱我们自己的源头；爱他们、爱他们，这个动作可以使我们从长辈那里获得更加高频的能量，这非常重要。

让我们现在就把自己面对父母的感受调整成爱他们、宠他们，让他们因为有我们的爱而变得无限自信。你现在就正在这样做、正在这样做。任思绪纷飞，以爱和慈悲过滤那些你不能接纳父母的事情。我们可以不恨，也可以不怨。你评估一下自己，你确实做到了吗？

第十章

自强不息与厚德载物

在亲密关系中，

男人只有维持男性的身份和位置，

他才会受到重视；

同样，

女人只有维持女性的身份和位置，

她的伴侣才能维持对她的渴求。

这是维系亲密关系的秘诀。

——伯特·海灵格[①]

在很多家庭的情感互动中，大多是女性在掌控或者是在管理着家庭的能量模式，导致了家庭内部都是比较硬的状态，夫妻之间的争吵，更多的是在争个你对我错，而这些都属于男性能量。如果一个家庭出现男女能量的错位，那么这个家庭就会显得枯燥乏味，甚至是窒息，让人想要逃离。所以，身为女性，我们要觉知我们情感关系中的能量平衡，尤其是要觉察，在你的情感关系中，你充分使用了你的女性能量了吗？

女人是地，是孕育的能量、滋养、洁净、抚育的能量，女人的本分就是要让自己这片土地上全是无条件的爱和滋养，孕育出参天大树、鸟语花香；男人是天，是创造的能量、责任和承担，要有勇气、有格局，撑起一片天，让自己这片天空下全是无条件的宠爱和承担、充满明媚的阳光。天做好天，地做好地，让家人在这广袤丰盛、阳光灿烂的天地间自由自在、无拘无束、洋溢快乐、爱意满满，这就是幸福。

阳性的力量是从万物中独立出来的，天性与本能是寻求超脱，是掌控、规则、占领、创造的能量。而阴性的能量是与万物联结，天性是探索与万物的关系。这就像是天空与大地。所以我们说女性能量（阴性能量）是“一切万有”的基础部分，其生命力流经所有人，像大地一样孕育和滋养着所有的生命，为它们提供养分，连接能量。肥沃的土地是万物生长的基础，而温良的女性则是一切创造力的能量源泉。当一个女人通过学习和成长而变得越来越温柔和纯良，她的能量会越来越纯净，这时不仅她的男人对她有一种爱都爱不过来的感觉，整个家族都会被她散发的能量所影响。她可以开心地去包容家里的每个人，把家里那些细细微微的东西融合掉；她能够很荣幸地、顺畅地做这些事情，而不是去忍受；她能以最大的谦卑面对宇宙，她知道只有这么做自己才能幸福。

中国自古就有一个普遍的概念：男子自强不息，女子厚德载物。男人天生就是“竭尽全力去创造”的材料，就是为这个而生的，比如去做需要做的事情，实现自我价值，为社会贡献力量。只要他自强不息，宇宙就会配合他，就会治愈他过去的一切。而女人天生就具备滋养和孕育的功能，只要她像大地一样容养万物，就能获得治愈。

我们可以从能量角度来看自强不息与厚德载物。从能量的角度来说，自强不息与厚德载物可以说与之密切相关。随着现代科学及心理学家的发展，证明咱们古人说的“厚德载物”“善有善报”真是有科学依据的呀！美国心理学家，被誉为意识能量宗师的大卫·R. 霍金斯在其代表作《意念力：激发你的潜在力量》有详细阐述。大卫·霍金斯博士利用人体运动学的基本原理，经过多年长期的临床实验，随机选择了横跨美国、加拿大、墨西哥、南美、北欧等的，并且来自不同种族、文化、行业、年龄等的人作为测试对象，累计了几千人次和几百万个数据资料，经过精密的统计分析之后，揭示了人类各种不同的意识层次都有其相对应的能量指数。经过长达 30 年的研究，他最后得出的结论是，一个人的意识能量层级有的时候能级高，有的时候能级低，他的能级水平是所有这些时候的平均值。能级的起伏跟一个人的意识直接相关。

霍金斯博士把人的意识能级归到 1 ~ 1000 的范围。高于 200 的振动频率，属于创造性能量，能量越高的人通常运气就越好；低于 200 的能量属于负能量，能量越低的人倒霉事就越多。如下图霍金斯的意识层级图（也称为霍金斯能级图）所示。

700 - 1000
合一
人类意识进化的顶峰，无我
600
平和
内外分别消失，一种永恒的状态
540
喜悦
耐性、慈悲、平静、持久的乐观
500
爱
聚焦生活的美好，真正的幸福
400
明智
科学医学概念创造者
350
宽容
自己是自己命运的主宰
310
主动
全然敞开，成长迅速，真诚友善
250
淡定
灵活和有安全感
200
勇气
有能力把握机会
175
骄傲
自我膨胀，抵制成长
150
愤怒
导致憎恨，侵蚀心灵
125
欲望
上瘾，贪婪
100
恐惧
妨碍个性的成长
75
悲伤
充满对过去的懊悔，自责和悲恸
50
冷淡
世界看起来没有希望
30
内疚
导致身心疾病
20
羞愧
严重摧残身心健康

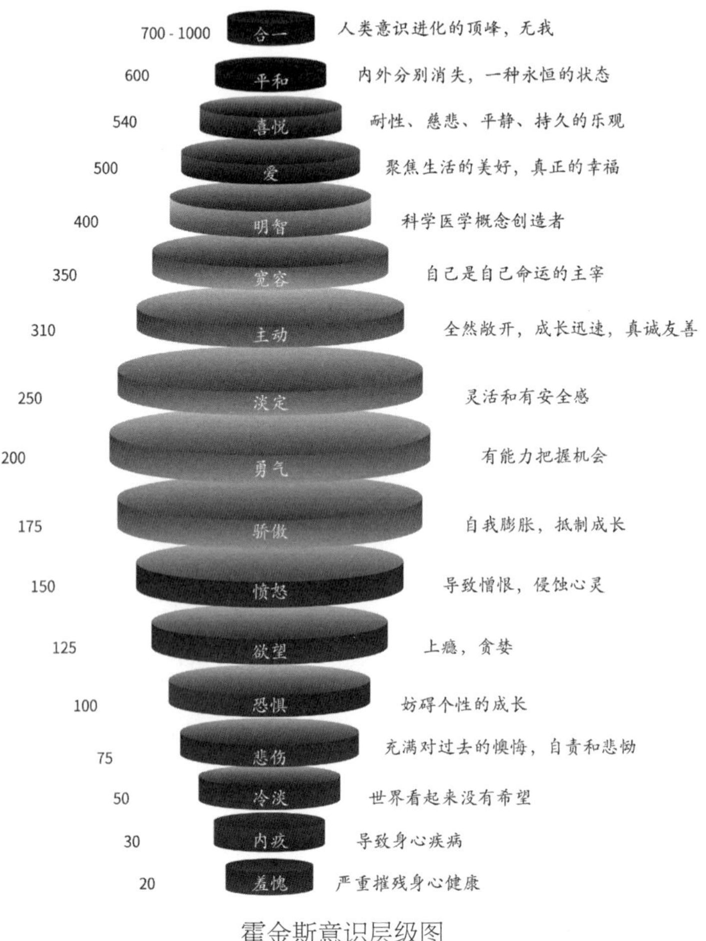

霍金斯意识层级图

从上面的情绪能量表中，你看到了什么？

能量表中 500 能量级的爱，不是那种我们日常中所说的“爱”。这种通常意义上的“爱”，很容易就带上愤怒和依赖的面具。一旦受到挫折，就立即原形毕露，这爱立刻就转变成了愤恨。

表中 500 能级的爱是指无条件的爱。这种是不会受到外界因素的干扰的。它是滋养的能量。它是非理性的，不是受你的大脑指挥的，它是来自内心的慈悲之爱。这是一个真正幸福的能级。但 500 能级不是说爱的能量只有 500，因为喜悦本身也是爱引发的。大卫·R. 霍金斯博士所测试出来的 500 能级的爱只是人类相对比较纯粹的爱，不是无限的爱。他以特蕾莎修女为例，说明人类如果想要的提升自身能量值的唯一方式就是通过爱，才能进入喜悦、宁静等状态，特蕾莎修女是爱的化身，所有古圣先贤都是爱的化身。

大卫·R. 霍金斯见过的最高频率是 700。他以特蕾莎修女为研究对象，在 1997 年特蕾莎修女的诺贝尔和平奖的颁奖仪式上，当她走进屋子里的一瞬间，在场所有人的心中都充满了幸福，她的出现让现场所有的人都消除了杂念和怨恨。特蕾莎修女一生都在传播着爱，她本身就是一个充满爱的能量场。她是爱的化身，是一个相对纯粹的能量场。纯粹的爱的能量应该远远高于 500。

要想超越 500 的能量层级，达到更高的能量级别，你只能不停地付出爱啊，这也是唯一的途径。如果没有足够的爱，一个人就不可能无我，也不可能去除分别心和贪嗔痴，无法达到真正的喜悦和宁静的状态。[②]

你是属于哪个能量层级呢？别让你的小我给自己轻易贴上标签。提升意识能量层级，从一个层级到另一个层级，那是要花费巨大的生命能量的。但如果你学习心灵成长后，能够有意识地去学习或是在很棒的老师的帮助下，会加快速度。如果不借助外界的力量，你有可能一生都待在一个意识层级里。

女性厚德载物的执行方案就是不让任何外界事物影响你，把负能量转化为正能量，原谅父母，尊重老公，让公婆做好人。如果你选择相信自己是受害者，别人都是坏人，那么你的人生就永远陷在谷底。你需要找到向上挺的那股力量，越是能向上挺，你与高频能量就连接得越好，你就活得越幸福、丰盛。

在现代社会当中，女性身上出现了一个比较共通的能量问题，女性表现出对男权世界的一种集体的恐惧。

我们知道在远古时代，母系社会曾经兴盛一时，女性的阴性能量是占主导地位的，女性去跟万物联结，那个时候出现的女祭司和女巫，都是在寻找和万物联结的力量。后来社会变迁，男性开始掌握社会的资源，进入了男权社会，就像一个小男孩被妈妈管了很久，有一天翅膀硬了，就想要自由、想要彰显他男性的力量一样。

在历史上相当长的时间里，众多女性曾遭受残暴的男性能量的伤害，她们因此敌视男性，这种“不信任感”是根植在内心最深处的。比如女性被男性物化、奴化、生产权被压迫，这种漫长的被压迫的历史，对女性造成了非常大的创伤，这不是某一个女性的创伤了，而是一种巨大的集体创伤。尤其是在性方面，当性能量被伤害或压抑，会在内心留下深深的伤痕，最基本的情感——安全感——会遭到破坏。许多女性怀疑自己在与男性的关系中，是否真的安全，能否真正放松。她们如此拒绝男性能量，以至于她们与男性，尤其是与自己的关系，都受到了极大的影响。

虽然曾经的痛苦让许多女性的情感中心存在恐惧和愤怒，但目前在女性集体中出现了一个强大的推动力，就是对男性能量的理解和原谅。呼吁所有女性理解自己承受的痛苦，用温柔和爱拥抱这一伤痛，并且对重新过上富有激情和创造力的生活给出如下建议：

· 做自己喜欢的事

问问自己是否敢于跟随你的激情，还是依然努力使自己顺应周围的人对你的希望和期待？你给自己多少空间？你能够做自己喜欢的事吗？与你的腹部联结，让呼吸柔软地流经第二能量中心，与你的内在小孩联结。你的内在小孩希望能够自由且无忧无虑地在地球上嬉戏，你能感受到吗？你的内在小孩需要什么？你能够给他吗？

· 将身体看作愉悦和享受的源泉

许多女性认为“给予比接受好”，认为“为了他人的利益而压抑自身需求是内心的表现”。若干世纪以来，女性自小就被教导要服侍男人，用身体之美取悦他。这些教导使“做自己喜欢的事”和“将身体看作愉悦和享受的源泉”成为禁忌。尽管女性已获得解放，她们依然没有勇气毫无顾忌地运用内在的男性能量：放下羞耻心，为自身的意愿和渴望挺身而出，以愉悦自己，而非取悦他人的方式享受其身体。当你觉察到自己拒绝了自身的快乐，就请深思，问问自己是否依然受困于现在已不必遵从的旧有的道德规范？

·运用“我”的力量

要敢于运用男性能量，并使其与你的女性能量整合，运用男性能量中“以我为出发点”的一面，实现你的愿望和梦想。坚强独立的女性是两性能量合一的自然结果，她们完全尊重自身的意愿，敢于全然地去爱。身心平衡、柔顺且有力的女性吸引身心平衡的，有力且柔顺的男性。这样在整个地球都会产生一个新的平衡。③

母性是女性能量中非常重要的一面，每一个母亲都直接影响着我们地球的未来——孩子。她孕育喂养孩子，为他们提供支持、鼓励，她的一言一行都赋予孩子的精神与品格，在无形中奠定了他们的人生观与生活品质。

来到这个世界的每一个孩子都有属于自己的路。虽然他是你亲生的，但他有自己的命运，你要学会尊重他。他是你生的一个独立的个体，只是意味着他借你的身体来到这个世界，但他并不属于你。一旦胎儿离开了你的子宫，你就得学习让他们做自己，要相信他们天生就有的力量，相信他们有能力去解决他遇到的各种问题。真正的母性意味着放下对孩子的控制和期望，内在的和平和自由从不能靠控制生命获得。“让孩子做自己”是一个母亲最了不起的成就。

如果你的孩子在受尊重的环境下长大，这将是一个多么尊贵的人！经常有人问我：“如何面对孩子的问题？”我的回答很简单：“你好了，他就好了。”因为孩子是你制造出来的，他有问题是因为你有同样的问题，产品的瑕疵跟你这个设计制造的环节有关。要在源头上解决问题，你要觉察哪儿不对，你要发现问题，把这个感觉联系到你的内在，改变你的内在，孩子很快就改变了。孩子是活在能量中的，他在关键的时候，一定会挺上去的。孩子是你的一部分，他是你的老师，不是你的奴隶。他的问题都是你的问题，你好了，当然他就好了。

没有人生来就会做父母。就像美国作家彼得·德·维里斯曾说的："没有人在生养孩子之前就成熟到能够教育下一代。婚姻的价值不是让成年人有资格养育子女，而是借由养育子女让自己长大成人。"孩子是助缘，是上天派来帮助我们完成父母这个角色的，帮我们看到自己最深的本性，让我们更深层次地看清自己，看清什么是真正的爱，教会我们如何爱自己。很多时候我们教育孩子，往往不是因为爱，而是出于恐惧。而在健康的亲子关系中，爱与接纳是不可或缺的，我们能做的最好的事，就是爱自己，接纳自己，这才是你给孩子的最好礼物！你要爱自己，幸福地生活，才能成为孩子的典范和榜样。充满爱的父母会养育出充满爱的孩子，而充满爱的孩子将会创造出充满爱的世界！

第十一章

成长的伴侣就是相互辉映

我们往往以为一旦彻底研究了“一”，

我们就会懂得“二”，

因为二就是一加一。

但我们忘记了，

我们还得要研究“加”才行。

——爱丁顿爵士[①]

柏拉图曾说："以前，人有四条腿、四只手、四只胳膊以及一个两张脸的头。因为亵渎了神明，所以被切成两半以示处罚。此后，人们穷尽生命来寻找自己的另一半，使自己达到圆满。"每个人都渴望找到自己的理想伴侣，但现实生活中，恋人或伴侣之间多少会有些摩擦，但通常人们都会从个性、性格、成长背景等方面来找原因，很少真正从生命的实相中去寻找根源。所幸随着越来越多人关注心灵的成长，明白了伴侣之间如果想要达成一个畅通、平衡的良好状态，是要通过实修来磨合调频的，如果一方的光影响到对方，慢慢地也会把对方的心灯点亮了。

当下，你内心的决定就决定了你能否获得宇宙的恩典。在过去，大家族里面幸福的女主人是什么样的？有教养、很优雅，就是这样的感觉。现在联想一下，一位大户人家的女主人，会经常发脾气吗？不会。会常把老公揪过来训一顿吗？也不会。她是不是对她的儿子也都是尊重的？她对自己的先生更是足够尊重，这就是一种成长。

现在，是不是能感觉到有个完整、鲜活的形象出现在面前了？我们再放眼望去，很多人家，人丁兴旺的大家族的日子，都兴旺发达地过着，是不是？哎呀，那种幸福，其实也是你要的幸福，是吧？子孙昌盛、父母安好的那种幸福，也是你要的那种幸福啊！

但同时，你也想想，那种幸福，是不就是妻子要有妻子的样子，丈夫要有丈夫的样子，孩子要有孩子的样子，父母要有父母的样子？那你只需要做对你的样子，就可以了。你不需要是父母的导师、领导、批评者、观察者，你不需要是。因为，你有你的序位。

当然，女人也不需要是男人的领导、导师、观察者，你不需要如此。现在，在你头脑中构架出一个家族的序位了吗？我是说："父母有父母的样子，孩子有孩子的样子，丈夫有丈夫的样子，妻子有妻子的样子。"你构架出一个拥有正确的爱的序位的家庭系统了吗？我们再一次落实一下，你在里边是什么样？先说丈夫有丈夫的样子——积极进取、自强不息，对吧？

妻子有什么问题，要和她平心静气地沟通，你有什么需求，也要说出来。记住，你是一家之主。作为丈夫，你接受来自父母的爱，无条件的爱；你接受来自妻子的无条件的爱和支持，你接受来自孩子的无条件的爱和支持，你掌握着这一切的节奏，你被尊敬，你起正念，你不因小事而心生挂碍，也不纠结细节，你用你的阳光，照亮这个家，接纳一切，就会像火车头一样，带着这个家，朝前开，也带领家里其他人齐心协力去过好生活。一家之主，看待家里发生的事情，心里要有一句话，“哎，挺好，这样就挺好。”这才是正确的家庭序位，是有爱的家庭序位。

你如果想成为这样一个有爱的家庭序位中的女主人，请现在就做个决定，那你就能获得那个能量了。当下的决定会让你立刻获得宇宙的能量。我们自己和那样的感觉有什么距离？当下做出决定，就能获得能量，于是你自然而然就成为那样的人了。你会发生什么变化呢？这种有爱的家庭中的女主人都不是横眉立目的，她们都是慈眉善目的，都是那种非常有弹性、非常包容的，她们也无须忍耐什么。你现在体会一下，我们此刻做的就是连接宇宙的同类能量流，在这个小节里面，是在与你的意识沟通。在把你意识中的障碍清除掉，把你那些该清理的事情清理掉，把你那些坏习惯改掉，这就是进入潜意识，是给自己“安装触发器”。

安装触发器的目的是：现在大家大户的女主人的形象出来了，夫妻之间有了沟通，如果你也能说：“嘿嘿，我错了。哎呀！老公，我真的错了！”那有什么是做不到的呢？你的夫妻生活一定是和谐的，因为这是一个正向的能量流动。其实也没有什么，夫妻关系就这么简单。

不是因为你对他才爱你，是因为你高兴他才爱你；不是因为你能干他才爱你，是因为你高兴他才爱你；不是因为你赚钱他才爱你，是因为你高兴他才爱你。一个女人的改变，可以改变一个家族的命运。家族命运的改变，并不需要你去更加努力，而只是需要你回到内在，调整一下自己内在的频率。

所有不能让你满足的夫妻关系只有一个根源，就是你认为你不值得被爱。现在没有必要进行探讨，只是给你一个结论，那就是——你值得被爱！你应该爱自己，这种爱也会吸引来丰盛的爱给你。

伴侣的共同成长，最初就像二人三足跑。两个人的腿绑在一起，刚开始别扭，互相配合配合，就协调一致了。如果没有磨合的耐心，随意解开了两个人的连接，结果就是，要么一个跑太快了，再也连不上了；要么跑太快的被落在后面的各种幺蛾子给治了回去，再也跑不了了。裁判说，单个跑不符合规定，跑得快也拿不到金牌。

成长有很多种方式，以前男人通常在艰苦创业中成长，女人常因负责家庭事务的原因无法同步成长，断开了连接的女人在家几年后，落后得不是一星半点，男人和女人维度不一样了，和老婆总是话不投机，严重向往红颜知己。

其实男人也可以直截了当地成长，不是在艰苦创业中，不需要接待那么多成功之母。时间宝贵，要做的事情很多，争取直接接待成功本身。

女人，更加需要成长。你维度低，孩子维度就低；你不崇敬伴侣，孩子就鄙视甚至敌视父亲；你没有成就，孩子就没有榜样；你心里不平和，家庭气氛就紧张，然后家里所有人都一身病，亲人之间关系都不好，儿女婚姻也不好。

男人女人都需要成长，从二人三足跑开始，好好沟通，一二一地迈步。慢慢地就学会如何协调了，二人跑就变得风驰电掣，必能聚精会神、天从人愿。

不成长的夫妻经常在算计“是我关心你多，还是你关心我多？是我付出的多，还是你付出的多”。并且以自己的衡量标准，进行精算。算完了之后，也不能怎么样，于是就原谅了。仿佛自己创造了沙砾自己再吞下去，此处的感觉，就是呕心沥血。

女人的编剧能力强，常常会在这个比赛中占上风，经常把自己编得像《十五的月亮》中的那一半。“我守在婴儿的摇篮边，我在家乡耕耘着农田，军功章啊有我的一半也有你的一半。”看到没，做点力所能及的事儿，就想分军功章！

这完全没头脑，这样互相计算，总量也不增加呀！一人拿着半个军功章，也做不成什么！不如做点创造的事儿，你无条件地关心我，我无条件地关心你，不要因为至亲的伴侣，反而多了许多挂碍。男人回家的时候能不被撕扯，而是被爱和支持加满了油，才能做出点惊天动地的成就，还不担心军功章被割掉一半。

有很多个案说自己的性生活有问题，久而久之就不想了。如果你总是把能量圈弄反，能好吗？性生活是女人付出创造的能量给男人，让男人去创造，然后你就觉得他很棒，因此很尊重他，他创造回来再滋养你。然后就这样形成一个很完美的循环。女人要懂得尊敬丈夫，把爱的能量给丈夫，丈夫要把创造的物质拿回来滋养妻子，形成一个正向的能量圈。

在这里，我要特别强调一个问题。有个别女人不守妇道，那她基本不会幸福。因为她不安心，不觉得自己值得被爱，也就没把能量收到自己身上。这在能量上非常重要。如果你和一个人有过性关系，你的能量就会在七年之内不断地输给这个人，无论是爱还是恨。这种关系就会让我们变得比较被动。我们输出能量给他，能量是被消耗的。

七年之内啊！过去所有跟我们发生过性关系的人，

哪怕是一夜情，女人的能量都会不停地输送给他。如果你愿意，很多老师都可以做这样的能量清理，一清理你就会发现，“哎，我什么都好，可是我怎么就不富有呢？”——你的能量呢，可能量就莫名其妙不知道哪里去了。你可能会觉得：“我现在这么幸福，我怎么就不快乐也没有力气开心了呢。”七年啊！你都没有将能量用来滋养你自己，不要再做这样的事了，太不值得！而且我们是可以看到能量场的。在做清理的时候，你的身体都会有感受。

男人也可以做这样的能量清除。如果你曾有过很多女人，这些女人都无条件爱你，那你暂时安全。如果你不能保证这些女人哪个给你的能量是毒药，哪个给你的能量是恨，你就需要做能量的清除。

每个人都有男性能量与女性能量，多数女人的女性能量较多，多数男人的男性能量较多，但也有例外。女人要的跟男人不同，女人寻找的是爱与生命力，男人寻找的是空间无限的自由。

在每个不同的人生阶段，女人和男人都可以被分为三种不同的意识层次。女人代表爱与生命力的光彩，男人代表稳定的意识。我们能够从女人身上寻找“爱”的方式，看出她属于哪个意识层次；从男人身上寻找“自由”的方式，看出他属于哪个意识层次。利用意识层次的分别，能看到自己处于自我发展的哪个阶段，进而意识到更高的潜能，用健康的方式得到我们想要的爱与自由。希望这会启发你成为一个充满智慧与爱的人。如果能从内在找到更多的智慧与爱，那你就可以创造健康的关系了。

第一层次：低意识的女性

低意识的女性会通过拥有外在的人和事物来满足她需要爱的感觉，任何能使她感受到爱的人和事物。

第一层次：低意识的男性

低意识的男性会给自己设定一些挑战或目标，通过达到目标感受到暂时的自由和空性，例如：设定自己要赚多少钱，达成目标就能够有物质上的自由，或是当他获得自己所追求的女人，就会有一种“赢了”的感觉。

有些低意识的男人会用他的权力与力量去控制、占领、伤害女人，让他能够得到自己想要的。

第二层次：中意识的女性

中意识的女性比低意识的女性成熟了许多，她知道无法靠外在的人和事物来得到爱，也会努力让自己变得独立自主，能够照顾自己，自己赚钱。这种女人有时会变得过度阳刚，变成女强人而失去女性的温柔与柔软，变得无法臣服。

第二层次：中意识的男性

中意识的男性从第一层次成长到第二层次，他不再会控制、占领、伤害别人。他会变得敏感、柔软，有时反而变得太阴柔，而失去了男子气概。他不再执着于成功，可是他失去了目标、动力和奋斗的精神，不敢当一位“心的战士”，无法鼓起勇气用男性的阳刚来爱女人。

第三层次：高意识的女性

她不需要证明自己的价值，也不会为了自主而过度使用阳性能量。她将自己敞开，对生命臣服，她很有安全感，因为她持续跟一股更高的力量连接，允许生命力如水一般通过她而流动。

第三层次：高意识的男性

第三层次的男人是很稳重、意识广大、有方向的男人。他很清楚他的使命与生命的意义，不容易动摇。他的视野开阔，能看到整体，他像是一个很稳固的平台，允许女伴全然地表达她自己。②

那么，你来对号入座下？看你是属于哪个意识层级的？你明白，不是我生了个孩子这婚姻就进了保险箱，婚姻的纽带从来不是孩子，而是心灵的成长。成长的人在有了自己的精神信仰后，他不会再束缚对方，会把自己的需求交给内心那种更高层次的力量。如果婚姻中有太多的“小事”，那么有可能会慢慢演变成破坏关系的“大事”。想象一下，如果在你的婚姻“小事不断”的情况下，如果你没有参加过心灵成长，你不懂得如何觉察、面对、越过自己的情绪，然后真改自己，那么这种婚姻是不是很危险？这种案例在生活中太常见了，现实生活中很多人都以为离婚的原因都是因为婚姻中发生了什么类似出轨呀，不孝啊等原则性的大事，但实际上，好多夫妻走向离婚都是因为一些鸡毛蒜皮的小事。你是不是很庆幸，你今天已经在学习了呢?

成长的夫妻会相互促进，他明白伴侣就是她成长最好的一面镜子，总是会用欣赏的眼光去看伴侣所谓的缺点，而不是在不完美中找到完美。通过学习，双方都会努力去创造一个充满爱和喜悦的关系，成为快乐的伴侣。

当一个男人提供给他的女人自我价值感，鼓励她做自己，他反而会得到更多基础层面的东西，比如愉快的性体验，而且是更加美好的性！关键是要超越身体，把意识扩展到心智层面，在心智层面与伴侣连接。然后走向更远，扩展至精神层面。比如，与其试图换一个伴侣，不如将现在的关系扩展到你们可以重新连接的区域。你需要专注在能量上。关注你的能量，你伴侣的能量以及他们如何相连和相互协调。

在任何情况下，你都能够给予对方更多的爱，体贴，连接感，自我价值感，鼓励，以及你自己！做自己关系中的英雄，不仅要拯救它，还要把它带到下一个层次。放手一搏是值得的！如果你成功了，你就能够把你们的关系提升到舒服，温暖和真爱的喜悦中。

第十二章

创造你的幸福关系

我们浪费时间去寻找完美的爱，

而不是创造完美的爱。

——汤姆·罗宾斯[①]

人的内心既有对爱的渴望，也有对爱的绝望。当爱的渴望级别很高时，就很容易建立亲密关系，但是如果爱的绝望很深，不再有渴望，就很容易成为橡皮人，也就是我们在现实中看到的超级宅男和超级剩女。很多人会认为剩女是择偶标准太高，其实是她们害怕去爱，害怕渴望得不到满足会痛苦。不让情感升起，就不存在失望了。

一个圆有 360 度，有的人非得在 361 度上找到爱，那他永远找不到；有的人有 36 度，那么他就有十分之一的可能性；有的人能在 180 度上找到，那么他就有一半的机会。真正的爱是活出来的，幸福不在于找对一个人，就像美国人本主义心理学家罗杰斯所说，爱是深深的理解与接纳。两个人的关系越来越深，就不容易审美疲劳。

一对相爱的男女，通常会经历三个阶段：第一个阶段，一加一等于一，你跟我想象的完全一样，这是激情期。心理学上说，这是情结与情结对上了，其实你看不见我，我也看不见你，但是，你和我头脑中想象一模一样的阶段，彼此都活在幻觉中。第二个阶段，一加一等于零，我的人生痛苦一切都是因为你。婚姻战争中最常见的问题就是试图改造对方，当双方筋疲力尽，发现对方完全是另外一个人时，还愿意接受那个真实的他，那才是爱。进入第三个阶段，一加一等于二，你是你，我是我，但是我们在一起。

可是要进入第三阶段，必须经过第一、第二阶段。第一阶段不用说，是一段关系的蜜月期，不仅在伴侣间，连同在朋友和亲人间也会有这样的阶段循环出现。但第二个阶段则没有那么好度过。在这个阶段，人们开始对彼此不满，发生争吵。

也可以说这是“权力斗争”阶段，在这个阶段，双方都在很努力地让自己看起来更有力量，并不断想要凸显自己的重要性。但随着关系的深入，不仅仅是权力斗争，双方的沮丧感都会越来越重，开始进入争夺关系中的主控权的战斗，双方可能都很努力地想要改变对方的想法、话语和行为。

曾经，对方的一些小癖好会让你觉得蛮可爱的，现在却很让人烦恼，而且还常常成为吵架的主要原因。当你开始感到心烦的时候，一般会采取以下几种选择：

1. 用蛮力或恐吓强迫对方改变生活习惯、说话方式、穿衣风格，甚至头发长度等；

2. 学习圣人般的忍耐力，但这么憋屈自己，在中医里可是会造成肝郁的；

3. 甩掉现任，另觅新欢。大多数人，不管原因为何，都会选择一个，于是权力斗争就此开展。

我们常常以为权力斗争的方式不外乎是大吵大闹、互砸东西或拳脚相向。但事实上，权力斗争可以有许多不同的面貌，包括冷战或者言语讽刺等。当一段关系中产生了这种不和谐因素时，外人一般都能很快感觉得到，那真是一种可以被称为火药味的气氛呢！可能家里很安静，却带着一触即发的张力，也可能是毫无顾忌地喊话，当着孩子或者其他人的面。不管哪种形式，对亲密关系的伤害都是一样严重的，但这里面也都蕴含着就此改变的可能。因为，你就是你生活的导演啊。

只要在心里明白所有关系都会面临这样的阶段，是不是就不会把沮丧当作结局，把争吵当作终点了呢？既然我们的每个当下都在创造未来，我们是自己这部电影的导演，那这就是我们的人生，我们当然可以自己说了算。面对关系和关系中的问题，作为导演，是不是应该把“好的！”“没有问题！”“一定会有办法！”加入到你的戏码中去呢？

进入亲密关系，必须要有两个概念。要有“我”，要有“他/她”。换句话说，如果我们要建立亲密关系，必须和“我啥也不是”这种无我的观念对着干，我们得认为，确实有个“我”，确实有个“他/她”。

为什么这么说呢？如果从人群中随便挑一个人出来，你就可以和他/她建立亲密关系，那你就没有分别心。要建立亲密关系，你必须认为，这个对象有别于他人，是独立实存的。对不对？

你有没有想过，你所见到的这个人，有一些很明显的原因，促使他（她）显现为这个样子。比如，他的父母，他经常接触的朋友，他喜欢看的书，他所做的工作，他在工作中接触到的人，他所在的文化环境，他以前的经历，等等。

而且，他还是一直在变的，是不是？另外，他的“变”，是由成千上万个不同的原因促成的。这些原因又有自己的原因。更重要的是，你自己的心态，也决定了他在你眼里是什么样子。你心情好的时候，看他顺眼一点；心情不好的时候，可能烦他一点。而你的心态本身也是千万个原因促成的，对不对？

所以，当你看着他的时候，你一定要明了。他不是一个独立实存的个体。你要爱，就要爱那千万个原因。你要恨，也要恨那千万个原因。你不能只爱他，只恨他。因为除却这千万个原因，他根本不存在！如果你能一直这么看问题，那你就在一定程度上，了解“人无我”了。

要记得常常考虑原因的问题，要把对方看作一个投影。这样，在关系中你可以观察自己“心的投射”，你可以考虑在空性中改变“心的投射”，然后你可以提升自己，也提升这段关系，最终让这段关系成为你成长的一段作业及佐证。

一旦有了这种我啥也不是的想法，将自我成长置于关系之上。这样的决心才能保证你不会迷失。

你要知道，真正的爱是不会引发痛苦的，相反，真正的爱是接纳，它没有任何的附加条件，完全不依赖于外在事件与环境，它是超脱于结果之外的，爱就是爱。当我们真正在爱时，我们的心就会哼唱出旋律，那是没有依附关系或期待的爱，而这样的爱才能让我们自由。[②]

你愿意咋好咋整，才能让自己走上这简单的能让自己好的道儿，才能让自己的爱自由呢？你在内心做个决定，决定让自己走一条通向爱的康庄大道吧！如果你内心抗拒，宇宙一看你那张高深的脸，就会配合你，给你出比较难的题，你就要经过一番艰辛才能拿到你要的结果。咱们现在就简单点吧！尽情简单，然后找到我们要的“与宇宙合一”，以及“与自己热恋”的状态。

有人会认为自己是坚强的，还有人认为自己是能容忍的、慷慨的、讲义气的、勇敢善良的，等等。很多时候，是我们那个“是”障碍了我们与自己的合一。“我是名人！我是北大毕业的！我是海归！”，“我是善良、慈悲的，我是通情达理、宽容的！”

你有没有体会到，任何“是”都会是你的障碍呢？这句话说出来很简单，背后却值得仔细体味。任何“是”都是你的障碍。这句话你听到了，希望你能恍然大悟、豁然开朗。那么，你身边有没有这样的人，任何“是”都是他的障碍？“哎呀，老慷慨了，一辈子一直到老，自己却什么都没有，还替别人借了很多钱。这人还老勇敢了，特别勇敢，经常遇见歹徒，他就跟歹徒搏斗。还善解人意，他的善解人意经常被他人挑战到极致……”

我啥也不是，体会你的感受，我啥也不是。

现在请你分析一下自己的状态，你不喜悦的时候最想让谁知道你不喜悦？

A. 你最想让谁知道“自己痛苦”？

B. 在你心里是否有一个假设：痛苦之后可以交换什么？

C. 你想抓住什么？

如果同一级别的同事抢夺了你的能量，他（她）想告诉你的上司："看我多么有能力。"你也一定要有一个游戏规则，这个模式就是我们此刻可以改变的。在公司里面遇到的事件，你最想回家和妻子说，是在告诉妻子："我赚钱挺不容易的，省点花钱。"和婆婆闹矛盾的时候，你最想和先生说："你看我多懂事。"

你的模式是什么？谁最容易让你不开心？你最容易在谁面前变得不开心？你最容易在谁面前制造不开心？拿回来不开心之后，要去跟谁交换什么？为什么你要那样交换？潜意识里的假设是什么？你以为只有付出了才值得被爱，你以为只有承受了才配获得爱。

所有一切的能量战争只有一个方法可以解决，那就是你要决定去爱你自己。于是，没有那么多的纠结，也就没有那么多的能量侵略了。

再一次把这个能量侵略演下去：如果你的能量被侵略了，你又没有抢夺回来能量，那么你通常会选择侵略自己的孩子。因为孩子充满了能量，他又是你制造的，你就会觉得自己可以抢夺他的能量。

有一种抢夺能量的方式就是，我好爱好爱你，用这样的方式去抢夺能量。有母爱泛滥型的，有爱情泛滥型的，女的通常表现在这两个方面。男的通常就是比较强势的：我请你去吃我爱吃的东西；我请你去看我爱看的电影；我好爱你。

其他的方式是抱怨："我爱你，我有权抢夺能量"；"我怨你，我要抢夺能量"；还有就是战争："我能打赢你，所以要抢夺能量。"其实，宇宙之间也是能量的战争，最终是黑暗与光的战争。如果对方平时扮演的是一个抱怨者，那么他（她）就是黑暗势力，你就是光；如果你扮演主动挑衅者，那么你就是黑暗势力，他就是光。

是什么样的事让你不高兴？现在体会，在经常惹恼你的人面前站起来了的感觉，他总欺负你，他总气你，他总惹你，你很委屈、很无助，或者很抓狂，又或者很想逃避，无论如何，他好像有很强大的能量，你好像有很被动的感觉。这是一个图像。

修改你的脑内图像：改变就在当下，你被高频能量不断地关照，可以和他站在同样的高度，以同样的大小去对话了。比如，打官司，对方纠缠你，你好像被抢夺得很惨。现在，在这个图像上，修改这个神经链，你不再是被动的，不再是那个附属的，不再是那个承担的，不再是那个被压榨的，不再是那个被欺负的，去体会这样的感觉，无论对方是爸爸妈妈、公公婆婆，是先生、孩子，还是领导，无论他们是谁。

在你的人生里面，有些人的信息过强，或者说是你没有选择用平等的能量去对待他。现在，就把你心中承载信息的这个感觉找出来，这个欺负你的人、让你痛苦的人，他在你心里的时候，他和你之间的感觉一定是放不下的，你一定是软弱的。那现在，就把自己的信息也调整过来，让对方在自己心里变成平等的、可以交流的。原来不能交流，是因为不平等，无法交流，这一步会给你的人生带来真正的改变。

你希望从自己先生那里获得些什么？获得他无条件的爱，或者说让他有更大的格局，让他爱你、喜欢你、支持你，满足你的要求，能原谅你，也能包容你，等等。当然，你还可以有更多的要求。平等交流建立在没有受到伤害的基础上。在双方都可接受的平台上交流你的需要和想法。你的口头语应该改成：“真好，哎呀，真挺好的，要是那样就更好了。”你的先生就喜欢你听话，喜欢你开心，你听话了，开心了，他就很喜欢你、爱你、支持你、帮助你。你得让心飞起来，找到“我心飞扬”的感觉。

当你遇到难以沟通的问题时，尝试着用如下正向的沟通方法：

一、陈述事实：当我看到你如何，我就会有怎样的感受。

二、表达感觉：我会因此感到如何。

三、提出想法：我认为我们需要怎样。

四、进行询问：我好奇你愿不愿意如何？

五、阐述希望：我希望你能够怎样。

这个正面沟通法需要注意的是：请只根据一件事来进行沟通，在沟通的过程中，尽量少用形容词，多陈述事实，越具体越好，在提出希望的时候要越精准地表达自己越好。

请觉察你现在的感觉，保持呼吸，把眼睛看向内在，诚实地面对你自己。首先把你心中挂碍的事情、你担心的和眼前的事情都拿出来放在我身边。那些事情都是什么呢？

另外，那些关系方面的挂碍又是什么呢？想一想那些人带给你的感受，把那些你不能面对的感受和那些事件放到我身边。再体会自己面对未来的时候，还有哪些不确定？还有哪些不自由和不舒展？把这些统统拿出来放在我身边。

保持呼吸，放松身体，放松双肩，让你的前胸可以一起一伏地呼吸……现在可以让你的腹部一起一伏地呼吸，自己和自己在一起，再放肆一些，再放肆一些，和自己在一起，任何声音都在增加你的能量，再放肆一些，和自己在一起。和我一起在心里说："怎么样啊？怎么样啊？怎么样啊？"不管你懂还是不懂这些话，你能体会这句话背后的力量吗？不管你体会还是体会不到，你现在是不是就可以下定决心说——“怎么样啊，情况就是这个情况，我也得好啊！”

收起你那副倒霉相吧！让我们放松地笑一个！

让心柔软，让身体柔软，让表情柔软，你拉着个脸给谁看？让心柔软，让脸柔软，怎么也得好啊！现在就下决心“往好道儿上赶”！“往好道儿上赶”是东北话，意思是你要让自己好。你能体会这句话背后的力量吗？哪条道儿好就往哪条道儿走。

咱们现在回忆一下，你不“往好道儿上赶”都有哪些表现形式？“哎呀，我知道那样好，可是……”太多时候，你知道什么样子是好的，但你不愿意去做，或者做不到，其实害你自己的就是你自己，对吧？

“好”是什么样呢？“哎呀，我的天啊！真幸福！太好了！”“不往好道儿赶”就是不高兴的样子，或者其他各种表现形式。总之你能体会频率的差异吧。就这样，你越来越柔软，越来越放松，频率越来越高，越来越喜悦，越来越幸福，越来越轻盈。“不往好道儿上赶”就是赌着气、囊着腮的样子，心里的画外音是“嗯？怎么样？你看、你看啊！还让我怎么样……”不往好道走的感觉是心里和身体都是紧的、沉重的、不舒服的，各种各样的倒霉样儿。全世界追求的那个好，不都是螺旋上升不断提高频率嘛，相反，下坠、下沉、泄气的感觉就是不好。你知道什么是好的了吧？那么你为你的好做了多少努力？而又为减少你的好花费了多少工夫呢？

上面这个自然段最重要的话题就是“咋好咋整”。这是东北方言，就是怎么好就怎么做的意思。那你为什么不让自己好呢？这是很难得的亲密关系啊！你那么多年净装模作样了，谁愿意跟你有亲密接触啊！你那么多年净拿自己当回事了，你想跟别人亲密接触，别人都不敢！

你知道我要说什么吗？我要说咋好咋整！我要说，你不好你活该，我要说，你不好是你自己的责任！

所以，快乐又成功的人每时每刻都在觉察自己在看什么、听什么、说什么、做什么。所以从此时此刻开始，让我们只看、只听、只说、只做美好的事！每天对自己对他人说：我多么幸运！我多么美丽！我多么智慧！我多么健康！我多么富有！我多么善良！世界多么美好……

从今天开始，你将有个质的飞跃，那就是，你开始以能量来活了。以能量来存在，你就是在靠天滋养自己！你越放松，能量越容易流入你；你越放松，能量越容易滋养你。而且事实证明，我们较劲了那么多年，该结束了！你招人喜欢点儿，简单点儿，多好！因为宇宙有一个秘密，不是因为事儿好了你才好的，是因为你好了，事儿才能好。

别再蹲守在你的孤独感里一个人落寞了，学会从各个领域有力地突破自己，把自己的格局放大，以前不敢做的事情，现在开始要勇于尝试，而做事情并不只是做事情本身，做事情是为了通过事情消除障碍我们热情的东西，真正地做到咋好咋整，就是进入高频，然后吸引高频里的美好，创造幸福就是这么简单。

地球现在最缺少的就是幸福感，如果我们每个人都修好自己，让自己的婚姻幸福、家庭圆满，每天都乐乐呵呵，将自己打造成一个可以承载幸福的容器，那么世界上的人都会爱上你，为你注入更多爱的幸福能量，那么你就是在为宇宙做贡献了！

注释

第一章

① 夏威夷疗法“荷欧波诺波诺”的传承人，《零极限》作者之一

② 更多内容请参阅：[美]格雷格·布雷登著，胡尧译，《无量之网》，华夏出版社，2015 年 3 月第 8 版，P41-54

③ [美]乔·维泰利伊贺列卡拉·修·蓝博士著，胡尧译，《零极限：创造健康，平静与财富的夏威夷疗法》（修订新版），中国青年出版社，2014 年 10 月第 1 版，P132

第二章

① 美国作家，《爱的能量》一书作者

② [德]尼娜·拉里什－海德尔著，朱刘华译，《爱自己：爱是唯一的力量》，北方妇女儿童出版社，2010 年 6 月第 1 版，P15

第三章

① 鲁米（JalaluddinRumi，1207—1273），诗人，他写了 25000 首以上的诗篇与散文，充满了睿哲的人生智慧。其中对爱情的描写，深刻而幽微、巧妙而婉转，历久不衰，传诵千古。

② [美]保罗·费里尼著，王一一译，《当爱到来时：此生遇见灵魂伴侣》，华夏出版社，2014 年 8 月第 1 版，P165

③ 更多内容请参考：[美]露易丝·海著，李俊仪译，《启动心的力量》，广东南方日报出版社，2007 年 10 月出版，P60−70

④ [美]戴伦·R·韦斯曼著，胡尧译，《爱与感恩的无限力量》，华夏出版社，2011 年 9 月第 1 版，P33

第四章

① 知见心理学创始人，代表作有《会痛的不是爱》等

第五章

① 心灵成长导师

② [美]凯思·雪伍著，王岩译，《生命之树：个人成长与能量疗愈》，中国文联出版社，2015 年 9 月第 1 版，P117

第六章

① 法国著名作家，代表作有《人间食粮》

第七章

① 生命线疗法的创始人，《爱与感恩的无限力量》一书的作者

[美]拉里·克兰著，王昭译，《丰盛之书》，光明日报出版社，2016，P30−33

第八章

① 小肯·凯斯，美国作家

第十章

① 德国“家庭系统排列”的创始人，著有《爱的序位》等作品

② 更多内容请参阅：[美]大卫·R.霍金斯著，李楠译，《意念力：激发你的潜在力量》，光明日报出版社，2014年第1版，P46–111

③ [荷]帕梅拉·克里柏著，艾琦晓悦译，《约书亚的传导：灵性人生》，世界图书出版公司，2013，P163–164

第十一章

① 英国天文学、物理学和数学家

② 更多内容请参考：李安妮著，《灵性亲密关系》，华夏出版社，2012年8月第1版，P30–36

第十二章

① 美国现代童话大师，也是在美国有争议的一个作家

② [美]玛贝尔·卡茨著，吴品瑜译，《零极限：生活篇》，中国青年出版社，2016年12月第1版，P161

参考书目

1. BarbaraDewey：ConsciousnessandQuantumBehavior，CA：Bartholomew Books，1993

2. MichaelTalbot：TheHolographicUniverse，NY：HarperCollins，1991

3. BarbaraDewey：AsYouBelieve，CA：BartholomewBooks，1990

4. TwothB.V：TheHeart：FindYourTruePurposeinLife，NY：BaptistDe Pape，2014

5. ElliottMaynard：BraveNewMind；LivinginaFuture-ScienceWord，SedonaArcosCielosPublishers，2014

6. GreggBraden：TheTurningPoint：CreatingResilienceinaTimeofExtremes，HayHouse，2014

7. LibetBenjamin：MindTime：TheTemporalFactorinConsciousness，Cambridge，MA：HarvardUniversityPress，2004

8. WegnerDavid：TheIllusionofConsciousWill，Cambridge，MA：MITPress，2002

9. AudlinMindy：WhatIfItAllGoesRight?NY：MorganJames，2010

10. DixonMathew：AttractingforOthers，TX：ZeroLimits，2012

11. AchterbergJ.andLawlisG.F.BridgesoftheBodymind：Behavioral ApproachestoHealthCare，Champaign，IL：InstituteforPersonality andAbility Testing，1980

12. EbelingMick：NotImpossible，NY：AtiraBooks，2015

13. PilzerPaulZane：TheNextMillionaires，NY：MomentumMedia，2006

14. DavidR.Hawkins：PowerVS.Force，VeritasPublishing，2012

15. GaryChapman，The5LoveLanguages：TheSecrettoLoveThatLasts，NorthfieldPublishing，2015

16. SwamiSwarupananda：SecretsoftheWayofLiberationinRenunciation，Kessinger PubCo.，2005

17. PaulFerrini：TheTwelveStepsofForgiveness：APracticalManualforMovingfromFeartoLove，HeartwaysPress，2012

18. [美] 萨娜娅・罗曼杜恩・派克著，万源一译，《创造金钱：通往丰裕之路》，天津科学技术出版社，2009

19. [美] 琳内・麦克塔格特著，梁永安译，《念力的秘密：释放你的内在力量》，华夏出版社，2012

20. [美]格雷格·布雷登著，胡尧译，《无量之网：一个让你看见奇迹、

超越极限、心想事成的神秘境地》，华夏出版社，2011

21. [美] 琳内 · 麦克塔格特著，王原贤译，《念力的秘密 2》，华夏出版社，2013

22. [美] 琳内 · 麦克塔格特著，蔡承志译，《疗愈场》，华夏出版社，2012

23. [美] 弗雷德 · 艾伦 · 沃尔夫著，艾琦译，《量子心世界》，华夏出版社，2013

24. [美] 戴伦 · R. 韦斯曼著，胡尧译，《爱与感恩的无限力量》，华夏出版社，2011

25. [美] 戴维 · 里秋著，曾育慧张宏秀译，《当爱遇见恐惧》，华夏出版社，2014

26. [美] 李尔纳 · 杰克伯森著，张德芬郑羽庭译，《回到当下的旅程》，甘肃人民美术出版社，2011

27. [美] 拜伦 · 凯蒂迈克尔 · 卡茨著，陈曦译，郭静审校，《我需要你的爱，这是真的吗？》，北方妇女儿童出版社，2010

28. [美] 尼尔 · 唐纳德 · 沃尔什著，李继宏译，《与神对话》，上海书店出版社，2009

29. [美] 尼尔 · 唐纳德 · 沃尔什著，万源一译，《当一切改变时，

改变一切》，华文出版社，2010

30. [美]露易丝·海著，徐克茹译，《生命的重建》，中国宇航出版社，2008

31. [美]露易丝·海著，李俊仪译，《启动心的力量》，广东南方日报出版社，2007

32. [美]尼娜·拉里什－海德尔著，朱刘华译，《爱自己：爱是唯一的力量》，北方妇女儿童出版社，2010

33. [美]盖瑞·祖卡夫琳达·弗朗西斯著，阿光译，《灵魂之心》，北华文出版社，2010

34. [美]罗伯特·沙因费尔德著，朱清明译，《快乐终极指南》，杭州出版社，2015

35. [美]罗伯特·沙因费尔德著，胡尧译，《你值得过更好的生活》，华夏出版社，2011

36. [美]罗伯特·沙因费尔德著，李彦译，《你值得过更好的生活2》，华夏出版社，2012

37. [美]南希·阿什利著，代莉译，《心灵探险：赛斯修炼法》，华夏出版社，2013

38. [美]奥古斯丁·巴勒斯著，林咏心译，《如何生存的非生存能力》，

光明日报出版社，2016

39. 张馨月著，《创造丰盛》（财富篇），中国文史出版社，2015

40. 张馨月著，《创造丰盛》（关系篇），中国文史出版社，2015

41. [荷]帕梅拉·克里柏著，艾琦晓悦译，《约书亚的传导：灵性人生》，世界图书出版公司，2013

42. [印]克里希那穆提著，廖世德译，《谋生之道》，九州出版社，2010

43. [美]兰西·斯佩扎诺著，孙翼蓁梁永安译，《为爱铺路》，中国青年出版社，2015

44. [美]大卫·霍金斯著，李楠译，《意念力》，光明日报出版社，2014

45. 李安妮著，《成为完整而性感的女人：唤醒爱、智慧、性能量的十堂课》，华夏出版社，2011

46. 李安妮著，《灵性亲密关系》，华夏出版社，2012

47. 陈林译注，《无量寿经佛教十三经》，中华书局，2010

48. 陈浩著，《赞美的艺术》，中国华侨出版社，2012

49. [美]加里·格雷格著，彭月明尧俊芳译，《打通你的气场》，吉林文史出版社，2012

作者简介

张馨月

知名心灵导师。她从 1999 年开始，用近二十年时间专注于心灵成长研究与实践，创立了自己独特的心灵成长体系，积累了数万个深度心灵沟通案例，旨在为学员提供独特高效的心灵成长方案，帮助更多的人通过学习更好地回归社会，重建良好的家庭关系，从而拥有幸福的生活，活出生命的精彩。